OBE教育理念下
电类专业
实践课程教学研究

赵兴宇　李　媛◎著

四川科学技术出版社

图书在版编目（CIP）数据

OBE 教育理念下电类专业实践课程教学研究 / 赵兴宇，
李媛著 . —— 成都 : 四川科学技术出版社，2023.11（2024.7 重印）

ISBN 978-7-5727-1201-2

Ⅰ . ① O… Ⅱ . ①赵… ②李… Ⅲ . ①电子技术—教学
研究—高等学校 Ⅳ . ① TN

中国国家版本馆 CIP 数据核字（2023）第 225546 号

OBE 教育理念下电类专业实践课程教学研究
OBE JIAOYU LINIAN XIA DIANLEI ZHUANYE SHIJIAN KECHENG JIAOXUE YANJIU

著　　者　赵兴宇　李　媛

出 品 人　程佳月
责任编辑　王　勤
助理编辑　魏晓涵　杨小艳
封面设计　星辰创意
责任出版　欧晓春
出版发行　四川科学技术出版社
　　　　　地　　　址：成都市锦江区三色路 238 号
　　　　　邮政编码：610023
　　　　　官方微博：http://weibo.com/sckjcbs
　　　　　官方微信公众号：sckjcbs
　　　　　传真：028-86361756
成品尺寸　170 mm × 240 mm
印　　张　8
字　　数　160 千
印　　刷　三河市嵩川印刷有限公司
版　　次　2023 年 11 月第 1 版
印　　次　2024 年 7 月第 2 次印刷
定　　价　60.00 元
ISBN 978-7-5727-1201-2
邮　　购：成都市锦江区三色路 238 号新华之星 A 座 25 层　邮政编码：610023
电　　话：028-86361770

前　言

随着我国经济发展模式向高科技、节约化、精细化方向发展，国家对精英人才的需求量日益扩大，职业教育中存在的各种问题开始显露，对我国优秀电类专业专业人才的培养提出了新的挑战。如何回应我国经济社会发展对电类专业实践课程教学提出的新要求，如何在激烈的国际竞争中站稳脚跟，是我国电类专业职业教育迫切需要解决的问题。目前，我国职业教育还存在培养出来的毕业生无论是知识结构，还是实践能力与创新能力都不能完全满足用人单位需求的情况。究其原因，我们不难发现，这不是某个专业或者某段时间的偶然问题，而是传统的教育模式出现了问题，它无论在理念还是实践上都开始跟不上时代发展的步伐。

《中国制造 2025》这一国家实施制造强国战略文件的出台，对我国信息技术与智能制造人才的培养提出更高的要求。一方面，行业、企业为顺利实现"中国制造 2025"的战略目标，急需大量高素质的电类专业技术技能型人才；另一方面，职业教育作为电类专业人才培养的重要基地，现阶段其毕业生在市场上较难找到专业对口的工作，出现学校人才供给滞后于企业需求的现状。究其原因，职业院校学生在校期间学习的内容与市场存在脱节，学生"学非所用"的现象较为普遍，导致职业院校毕业生在企业招聘中无法体现自身的优势。唯有改良职业院校实践课程内容，促进其与企业用工标准、生产过程对接，达到与时俱进的效果，才能有效解决新一代信息技术领域的人力资源市场中技术型人才急缺的现状。

工程教育界目前流行 OBE（成果导向教育）理念，其聚焦于以成果为目标导向，来对教学进行反向设计，对于只注重"教育投入"而不注重"教育产出"的传统教学而言，它是一种根本性变革，为电类专业实践课程教学改革带来了灵感与启发。职业院校可以基于 OBE 教育理念，根据用人单位的实际需求来确定学生的学习成果，再反推教学过程与活动，以确保职业院校学生毕业时的就业竞争力，为"中国制造 2025"战略目标的实现打下坚实的人才基础。

在此基础上，本书主要分为五个章节。第一章主要阐述了核心概念的定义、电类专业实践课程教学的理论基础以及国内外相关研究现状；第二章从顶层设计、建设策略与实施保障三个方面分析了 OBE 教育理念下电类专业实践课程建设路径；第三章从电类专业实践教学现状与岗位能力需求调研分析入手，分析了 OBE

教育理念下电类专业实践课程教学设计的模式，然后通过教学实践分析了 OBE 教育理念下电类专业模式的实践效果；第四章从 OBE 教育理念下电类专业人才培养现状入手，借鉴国内外典型 OBE 工程人才培养模式的经验与启示，探讨了 OBE 教育理念下电类专业人才培养模式的改进策略；第五章首先介绍了 OBE 教育理念下电类专业教学评价的原则与特点，然后借助案例分析了现阶段电类专业教学评价现状与存在的问题，最后提出了电类专业实践课程教学评价的改进对策与建议。

CONTENTS 目 录

第一章　绪论

第一节　核心概念的界定

一、OBE 教育理念概述

OBE（Outcome-Based Education）教育理念，又称为成果导向教育、目标导向教育，它是一种以学生的学习成果为导向的教育理念，认为教学设计和教学实施的目标是学生通过教育过程最后取得的学习成果。

OBE 教育理念是由美国学者斯派迪在 1981 年提出的一种以学生的学习成果为导向的教育理念。斯派迪在《基于产出的教育模式：争议与答案》中对 OBE 教育理念的定义做了较为准确的解释，即它是一种能清晰地关注和构建教育系统，保证学生经过学习可以获得未来生活中所必需的实质性经验，从而使学生获得成功的理念。在其指导下的课程与教学，先要根据社会对人才的实际要求，来制定学生通过教育过程最终应该达到的学习成效，即制定预期的学习成果，再由预期学习成果反向设计教学目标与教学活动，最后根据教学目标达成度来判断预期学习成果的完成情况，并对教学不断进行改进。该理念快速地获得了广泛的重视和应用，经过此后的发展，形成了比较完整的理论体系，已成为美国、英国、加拿大等国家教育改革的主流理念。1994 年，斯派迪提出成果导向教育金字塔模型，促进该理论进一步成熟。成果导向教育强调所有学生毕业后拥有能达成某项任务的能力，而相关的教育均应聚焦于促使学生达成该能力。OBE 教育理念的基本原理是所有学习者均成功，其基本假设是所有学生都是有才干的，每个学生都是卓越的，学生间是学习合作而非相互竞争，学校是为学生找到成功方法的机构。

二、OBE 教育理念执行的原则与架构

（一）OBE 教育理念的执行原则

斯派迪认为实施成果导向教育的原则有四项：①清楚聚焦,课程设计与教学应聚焦于学生在整个学习过程结束后能真正拥有的能力。即他认为聚焦的高峰成果应当是学生在整个学习过程结束后能够展示应用所学的能力，而非一周、一学期或一学

年的课程或活动。②高度期许，教师应期许学生均能自我实现，并将学生的学习过程视为学生迈向自我实现的高层次挑战。③反向设计，以高峰表现为最终目标，即由高峰表现向下规划的课程设计，课程与教学应着重于提升学生的能力。④扩展机会，教师应以更弹性的方式来配合学生的个别需求，让学生有机会去印证所学、呈现学习成果，以证明其学习的有效性和有用性。

OBE 教育理念的四项原则是推进其实施的核心策略，缺乏对 OBE 教育理念的四项原则的深入理解，则难以落实在执行层面。接下来我们就分别对各项原则进行剖析。

1. 清楚聚焦

清楚聚焦是清楚聚焦于重要的高峰成果。斯派迪指出，清楚聚焦是 OBE 教育理念四项原则中最重要，也是最基本的内容。清楚聚焦的内涵有四个方面：①协助教师建立一个能清楚预期学生绩效成果的学习蓝图。②教学设计与学生评价最优先的原则，是要让学生成功地展现绩效成果。③对于预期绩效成果要有清楚的蓝图，并以此蓝图作为课程、教学、评量设计与执行的起点，与所有的学习紧密结合。④教师从第一次课堂教学中开始分享、解释、示范，并持续到最后，师生如同伙伴般合作以达成目标。OBE 教育理念旨在让所有学生未来均能成为成功的学习者。但并非指所有学生需用相同时间或采用相同方法学习，教师应持续寻找较好的教学设计与授课方式，协助学生运用不同的方法、不同的学习速度与形式来达成相同成果。

2. 高度期许

高度期许即期许所有学生都能成功。斯派迪提出高度期许三大关键向度。第一，提升可接受绩效的标准是提高学生完成或通过课程的绩效标准，并执行清楚聚焦。第二，排除成功配额是舍弃通常的成绩分布模式或评定等级配额，鼓励学生迈向高峰表现。第三，学校应运用高层次课程引导学生往高标准努力。

此三大关键向度可改变学校的学习气氛与风气，引导学生在具有挑战性的学习过程中获得较高的成就。

斯派迪认为高度期许与高标准的概念虽接近，但内涵却不同。高度期许强调期待学生达到较高层次的绩效，并增加其发生的可能性。若学校仅提高标准而不提升对学生的期望或促使更多学生成功学习，只会成为学生成功的障碍，降低学生课程的通过率。

斯派迪主张高峰成果代表高程度挑战，对所有学生的成功均应保持高度期许，即学校必须设定比较高且具有挑战性的成果标准，鼓励、支持学生深入学习并达到预期的高峰成果。

3. 反向设计

反向设计即从最终或高峰成果向下设计。斯派迪认为课程与教学应从高峰表现向下设计，以确认所有迈向高峰表现学习的适切性。教师教学的出发点不是要教什么，而是要预期学生的高峰成果，再考虑教什么。斯派迪强调教师应着重提升学生的能力，以学生高峰表现作为教学最终目标。

斯派迪提出 OBE 教育理念设计的"黄金定则"为"一致性、创造性及系统性"，即教师应先建立一套重要的学习经验（高峰）作为一致的高度期许，再决定所需的关键学习内容，运用具有创意的教学方法与情境，有效地协助学生成功学习。

反向设计课程需掌握两项原则：①从重要的高峰成果向下设计并回溯基础成果，应从期望学生最终达成的成果来反推、回溯课程及教学设计，并循序增强课程的难度，以引导学生迈向高峰成果。教师应厘清高峰成果、基础成果及零碎成果的不同。高峰成果即所有学生完成学习时必须达成的成果。"高峰"为"成果"的同义词；基础成果为高峰成果所依赖的关键基础，亦为学生追求成功绩效的基础；而零碎成果则为较不必要的课程细节。②取代或删除高峰成果中非重要发展内容的零碎成果，即教师必须聚焦于重要、基础、核心、高峰的成果，排除较不必要的课程细节或以更重要的课程来取代，方能有效协助学生成功学习。

反向设计不仅是建立课程优先级与架构的实用方法，更能提供建立高峰成果架构的相关指南。反向设计面临着两项挑战：在技术上，必须确定基础成果确实存在于高峰成果之内；在情感上，教师必须愿意放弃所熟悉、喜爱但非必要的课程细节。

4. 扩展机会

扩展机会即扩展学习机会与支持成功学习。教师需要给予学生更多学习与展现其学习内容的机会。斯派迪指出，机会的五大关键向度为时间、方法与形式、执行原则、绩效标准、课程的实施与建构。

（1）时间

学校的教学时间、学习时间、课程组合与成果绩效的时间息息相关。教学时间是教师接触学生与支持学生学习的时间；学习时间是给予学生学习的时间；课程组合是学生可在规定的时间内选择的特定课程的组合。OBE 教育理念强调可借扩展学习机会的持续性、频繁性及其发生的精确时间来提升学生的学习成效。学校或教师应重新组织教学时间、学习时间与课程组合的模式，以掌握学习机会的精确时间。

（2）方法与形式

OBE 教育理念正视学生的多样性与差异性，采用不同的教学形式与学习方法，赋予师生教与学的弹性、自主性及多元性。斯派迪强调，教师运用不同形式的教学方法比仅调整教学时间的长短更能增加学生成功学习的机会。

（3）执行原则

执行原则即同时执行清楚聚焦、高度期许和反向设计三项原则。若教师秉持一致性、系统性及创造性，并同时应用三原则来执行教学，可增加学生成功学习的机会，因为清楚聚焦可建立一个清楚的学习绩效目标，高度期许可刺激学生的学习动机从而达到成功，反向设计则可提供学生清楚追求目标与达到预期学习目标的课程。

（4）绩效标准

对所有学生明确定义所被赋予的高期待绩效标准，但不限制多少学生需达到绩效标准，积极引导学生迈向成功、增加学生成功学习的机会。绩效标准是让所有学生逐渐迈向成功的关键。

（5）课程的实施与建构

若学校未提供学生所需的课程，或学生只能利用固定的或片段时间学习课程，学生的学习与未来成功的机会将受限。学校必须提供弹性、多元与连贯的学习课程，使学生获得较高层次的复杂思考与批判性的学习经验，方可增加学生深入内化学习的机会。

扩展机会原则不应与其他三原则分离而独立存在，清楚聚焦与高度期许能清楚地定义学校对学生的期许，而反向设计则能确保成果的达成。"成果"一词代表学生必须完成的不只是课程或结束时的任务绩效，还必须达到所有的标准。未达到标准的学生，则有义务努力达成，学生必须努力增加学习机会，以表现较高程度的能力。斯派迪针对学生必须设法达到高峰绩效标准，提出七点说明：① OBE 教育学者需清楚界定学生应执行的基础学业或发展高峰的表现能力。②教育学者需区别"基础练习"与"高峰表现"，练习是学习的必经阶段，但并非结果或表现。③ OBE 教育需区别"铅笔成绩"与"墨水成绩"的差别。前者是伴随学生学习与进步而改变的一种记录符号；后者则意味着永久且无法改变的成绩。④许多执行 OBE 教育的学校期待学生通过不断的努力与改善学习，增加学习机会。⑤有些学校认为学生应达到课程最终的绩效标准，在其达到标准前都不算完成该项任务，课程或毕业学分也直接紧扣此标准。⑥许多学校运用各种可能的方法来让学生对学习产生兴趣，并强制排除缺乏参与及延迟学习的可能。⑦学校对延迟学习的学生并未减少期许，延迟学习仅代表延后学生完成时间，且学校应避免以失败来形容迟缓学习者。

斯派迪亦强调，教师应以更弹性的方式来满足学生的个别需求，并让学生有机会去印证所学，以及证明其学习成果。

（二）OBE 教育理念的架构与通用领域的实践

任何教育组织均包含执行系统与支持系统。执行系统是指与教学及学习过程有直接关系的课程与教学要素；支持系统是指让教学、引导与学习过程得以存在并发挥功用的行政、后勤与资源因素。斯派迪提出的 OBE 教育的四个执行框架，包括绩效标准与资格架构，课程内容与清楚架构，教学互动与科技架构，合格、晋级与指定架构，并通过方向设定、课程设计、教学授课、结果验证等呼应四项原则的四个执行策略来串联四个执行架构。

在执行层面，提出了五项通用领域的实践与之呼应。实践 OBE 教育的五大通用领域主要包括以下五个层面：①定义成果。实施 OBE 必须清楚明确地定义成果，成果包括关键成果、具体成果、评量标准及绩效指标。②设计课程。OBE 教育的课程设计着重将课程架构、教学授课、测验及证书等内容予以整合，课程强调与生活情境结合的跨学科领域及跨年级的课程。③教学授课。OBE 教育的教学强调学生学到什么，做出什么，着重产出与能力，并鼓励批判思考、沟通、推理、评论、回馈和行动。④结果评价。OBE 教育实施多元评价，评价结果强调达成最高绩效成就的标准及其内涵，而非强调学生间成果的比较。⑤决定进阶。OBE 教育强调所有师生均应拥有成功学习及教学的机会，学生于迈向高峰成果的过程中设定几个阶段的成果次目标，让学生于过程之中逐步获得成功。

（三）OBE 教育理念扩充架构与执行策略

基于斯派迪的四架构基础，结合 IEET（Institute of Engineering Education Taiwan）的"TAC-AD2018"认证规范中的九个方面的认证，包括教育目标、学生、教学成效及评量、课程组成、教师、设备及空间、行政支持与经费、领域认证规范和持续改善成效，可以拓展出适合高职层面执行的六架构与执行策略。OBE 教育执行系统框架以所有学生获得显著的高峰成果为核心，可以拓展出六个方面：绩效标准与资格架构对应执行毕业标准的执行策略；课程内容与清楚架构对应课程建设的执行策略；教学互动与科技架构对应教学活动开展的执行策略；合格、晋级与指定架构对应教学评价的执行策略；师资素质与师资数量架构对应师资条件执行策略，以及教学条件与教学资源架构对应支撑系统的执行策略。六种架构与执行策略之间是一个相互影响、有机统一的整体，不能分割地去理解和看待其中的一部分。

扩充六种架构的内容主要包括以下六个方面：①绩效标准与资格架构就是决定如何定义成就与绩效标准，以及如何授予毕业的学分标准和相应的审核架构，此架构包括评价、测验、记录、成绩单、学分、毕业证书，即设置相应的毕业标准和毕业要求。②课程内容与清楚架构就是决定如何定义、组织、链接学生对于 OBE 系统的正式学习经验的课程内容及清楚架构，此架构包括计划、就读系所、学科领域、课程，即课程体系的构建。③教学互动与科技架构就是决定 OBE 系统该运用何种工具及技巧，让学生投入课程学习的教学过程及技术手段的架构，此架构包括教学组织及所运用的科技，即教学的课堂实施。④合格、晋级与指定架构就是决定哪些学生将与哪些教师、学生在一起，并在何地方、何时、做何事，此架构包括任何与学生分组、安排计划表、人员配置、晋级及与课程进阶相关的事项，即如何进行适合的评价。⑤师资素质与师资数量架构是指保障教学的实施，所需要的师资应该具备的素质以及相应的数量，即师资条件。⑥教学条件与教学资源架构就是指能推动教学完成的图书、实验实训设备、系统、网络教学资源等构成的支持系统，该系统作为硬件环境的支撑。

OBE 教育的四项原则通过直接地塑造与实行六种框架和执行策略而强化系统运行：清楚聚焦直接影响方向设定；扩展机会直接塑造教学授课；高度期许主导结果评价；反向设计主导课程设计功用。发展 OBE 教育系统，六种执行架构、六项执行策略均依据成果及四项原则，而非依据时间、计划表。因此，执行 OBE 教育的学校在执行架构与执行策略、支持系统及其资源优先级与分配，均直接地依据成果及四项原则而建构。

第二节　理论基础阐释

一、人本主义理论：OBE 的理论根基

人本主义理论产生于 20 世纪五六十年代美国的心理学思潮和革新运动，是美国当代心理学主要流派之一，由美国心理学家 A.H. 马斯洛创立，现在的代表人物有 C.R. 罗杰斯。作为心理学的第三思潮，它反对行为主义机械决定论和精神分析本能的生物还原论，将人性置于心理学研究的核心地位，它认为人性本善，反对行为主义环境决定论和精神分析生物还原论思想，人本主义理论研究集中于人性的本能、潜能、经验、价值观、创造力和自我实现，认为教育应当改革，重点应该放在学生的心理需要和以学习者为中心。

（一）人本主义理论的教育观

第一，充分发挥教育的"育人"功能。教育的对象是人，其目的就是培养人。人本主义理论认为，教育的真谛在于使知识转化为智慧。在教育领域，人本主义旗帜鲜明地倡导全人教育和情感教育等。培养"全人""完人"等一直是人本主义教育的理想和传统。哲学家尼采认为，现代的教育俨然成了一个生产车间，采用作坊灌输的教育方法，把知识强塞给具有不同特点的学生，用一种固定的模式，生产出同一批型号的产品，从本质上扼杀了学生的个性特点。人本主义心理学认为以教师为中心的教育教学模式是一种知、情分离的教育，是一种重知识、轻情感的教育。这样的教育不能促进全面人格的形成，不能算得上是"全人""完人"的教育。美国著名心理学家罗杰斯追求的是教育对人的全面发展，他认为教育就是培养身心合一的完整的人，将认知与情感合二为一，从而实现自我价值。同时社会需要提供和谐的教育环境，将人作为一个整体进行培养，促进学生的全面发展。教育的目的是要把

人培养成"自由的个人"，或者让人完成"自我实现"，是一种对学生人格的全面培养。这种培养不仅要满足个体智力发展的需要，还应包括情绪、情感、意志的培养，心理学家马斯洛将此称为"自我实现的人格"，这是现代教育最重要的使命。学生作为教育中利益相关者的主体部分，其基本价值诉求就是追求自身的全面发展。

第二，树立"以学生为中心"的教育观。1952 年，罗杰斯首次提出了"以学生为中心"的教育思想，其思想起源于杜威的"教育即生活""学校即社会"和"以儿童为中心"的理论思想。"以学生为中心"的理论核心是强调"无条件积极关注"的人格理论。罗杰斯在 20 世纪 50 年代期间，提出了人类关系论。20 世纪 60 年代，他将此新理论应用到医疗、教育、管理等多个社会领域，且教育是罗杰斯最为关注的领域之一。"以学生为中心"的教育和教学理论强烈冲击了传统的教育理论。罗杰斯认为，要以学生为中心，教学是为了学生的发展，要充分调动学生的学习积极性，创造良好的学习环境，他反对传统教学"重教学、轻学生发展"的弊端，这对我们的现代教学具有启发意义。以"学生为中心"的教育理念引起了教育界的广泛认同，并直接促使教育领域发生了一系列关于教学观念、教学方法和教学管理方面的变革，给教育界带来了巨大的影响。以"学生为中心"的教育理念强调学生的主体地位，注重学生的学习和发展，教学过程始终以学生学习和发展为中心，学校为学生而设，教师为学生而教。师生之间呈现一种帮助关系，教师扮演辅助者的角色，是学生可以信赖的好伙伴，是学生学习的促进者。教师通过有效教学促进学生学习，学生将自身学习的效果反馈给教师，教师根据学生的学习效果来修正自己的教学计划和解决教学过程中存在的问题，教学评价的核心应该是"学"，而不是"教"，教学评价要重点关注学生的学习效果，以提高教学质量。

第三，提倡"有意义的学习"。罗杰斯把学习分为两类，它们分别是同一连续体的两种类型。一类是无意义的学习，类似于心理学上的无意义音节的学习。在教育系统中，学生在课堂上学习的很多内容就像无意义音节一样杂乱无序，缺少学习的兴趣，只是一种简单的机械的大脑记忆，缺乏内心深层次的理解，这样的教育是一种知识的单向路径灌输。另一类是有意义的学习，或称为经验学习，包含四个要素：个人卷入程度因素、自我主动投入因素、知识的渗透因素以及学习者对事件的评价因素。学生在学习中，将整个身心，包括情感和认知都融入学习，通过个体内在主动学习的行为、态度及愿望进行有意义的学习，能够对学习能否满足自身需要有一个非常清晰的认识，其对事件的评价核心也归于学习者自身。对学习者而言，这不仅仅是一种增长知识的学习，而且是一种与自身各个部分都融合在一起的学习。

（二）人本主义理论下的 OBE 教育理念

1.OBE 教育理念的主要特点

OBE 教育是目前国际上较为先进的专业教育理念，其强调所有学生毕业后能拥有达成某任务的能力，教育系统包括课程的组织、教学和评估，都应聚焦于促使学生拥有此能力。最终的结果不是学生的学业成绩，而是学生在学习结束时获得的学习能力。具体来说，OBE 教育强调以学生学习为中心，重视学生学习的有效性，重视学生的学习成果。

OBE 教育强调在实施过程中，首先应明确学习成果是什么，以此来构建学生预期达到成果所需要的条件，并提供机会构建课程体系，然后根据学习成果组织实施教学，这是一种反向设计的概念。同时，在整个教学过程中注重以学生为中心，培养学生运用知识的能力（包括运用内容、信息、思想和工具的能力）和情感体验。值得注意的是，这里的"成果"不是学生已经具备的知识、价值观、态度等，而是通过在学校的学习所获得的增值能力。最后在基于有过程的成果完成质量上予以评估。其根本目标是让所有学生通过学习获得预期的成果，获得成长。上述理念与人本主义认为人性本善，强调学生是教育的中心相吻合。学校是为学生而设，教师是为学生而教，学习活动应由学生自主选择和决定。教师引导学生进行自由探索，以达到自我价值的实现。因此，OBE 教育理论是一种强调能力培养、能力训练的教育理论，它的前提是人人都能学习，以学生为中心，注重结果的设计。它与行为主义强调外显行为的改变，剖析刺激与反应间的连接，注重客观、控制和预测等方法的理念较为一致。

目前，美国、加拿大、南非、澳大利亚等国均大力倡导 OBE 教育理念，出版了一系列有关 OBE 教育的专著，形成了比较完整的理论体系，在教育改革的实施中得到了广泛的应用。OBE 教育强调的是学习的成果导向，强调学生的学习成果和毕业的能力。在实施 OBE 教育的过程中，不仅要完成教育的要求，而且要满足社会未来的需要，这是一个注重学生能力和能力培养的体系。这些能力指个人满足专业要求、责任或任务的能力，是社会未来职业需求的基本能力。

2.OBE 教育理念的主要内涵

以学习成果为导向的理念蕴含于教育质量体系发展之中，学生学习成果可以是众多教育理念的综合。其内涵主要体现在以下四个方面。

第一，OBE 聚焦于让所有学生在未来均能成为成功的学习者，但并不意味着所有学生需采用相同的时间或相同的方式去学习。

第二，OBE 正视学生的多样性与差异性，善用不同的教学形式和学习方法，赋予教师教和学生学的弹性、自主性和多元性，教师运用不同的教学方法比仅仅对教学时间的长短进行调整更能增加学生学习成功的机会。

第三，OBE 强调能力本位，聚焦于学生的高峰成果（最终学习成果）。教育要培养学生适应社会的能力，教育目标要具体详尽，要列出需培养学生哪些方面的核心竞争力，并且列出培养这些核心竞争力所对应的课程，实现完美对接。教师教学的出发点不是教什么，而是先预期学生的高峰成果，再考虑教什么，用成果要求反向设计课程，使课程体系与学生需要达成的能力结构保持对应关系。

第四，OBE 强调外部需求的反向设计，变"适应"为"满足"。由于传统的教育模式对国家、社会和用人单位的外部需求以"适应"为主，很难"满足"利益相关者的需求，而 OBE 强调的是反向设计、正向实施，这时的"需求"就可以在最大程度上保持教育目标和结果的一致性。

（三）人本主义理论对构建电类专业实践课程体系的启示

在人本主义理论思想下，强调"以人为本"的教育思想，注重培养学生的全面发展，关注学生的主体地位，树立"以学生为中心""以学生发展为本位"的教育理念，提倡有意义的学习，充分发挥教育的"育人"功能。在评价方法上注重主体的多元化和方式的多样化，这对构建我国电类专业实践课程体系具有深刻的影响。

首先，在构建电类专业实践课程体系的时候，需要树立"以学生为中心，以学生发展为本位"的理念。人本主义教育观将教育看成一个学生不断发展和完善的过程，重视培养学生的独立自主能力、观察能力和批判性思维能力，发展和完善学生的人格素质。这一观点是近现代人文主义、理性主义在教育领域复归的产物，其强调教育教学活动的主体就是学生，学生各方面的发展应成为衡量学校教学质量的主要依据。

长期以来，我国深受传统的知识本位、学科本位教学理论的影响，将教学重点放在传授知识上，忽略了学生的能力发展和情感培养。以学生发展为本位和人本教育理念作为一种现代教育理念，与传统的知识本位或学科本位教育有较大区别，它强调对学生实际能力或职业能力的培养。狭隘的知识观限制了教师和学生的个性发展，学生习惯于对知识进行死记硬背，这种教育观念培养出来的学生已不适合当今社会发展的需要。随着当前教育质量改革进程的逐步推进，传统的人才培养模式面临诸多困境，需要采取措施进行改革。以学生为中心，以学生发展为本位是教育质量的核心标准。对教育质量进行评估和认证，就必须要将重点落实在学生发展的质量上，要强调研究型教学模式而不是灌输型教学模式。因此，以学生发展为本位的教育实际上也是一种能力本位的教育，要使专业的教育通过向学生传授知识、技能来提高学生的智力、社会技能水平，并促使其人格与品德方面的发展，使学生具备批判性思维能力、解决问题能力和操作能力等。目标的达成应有相应的理论体系作为支撑，其课程理论、学习理论、教学理论和教材理论均应紧紧围绕培养电类专业学生能力这条主线来展开，对电类专业教育的评估方式也应当树立人本主义思想，将人的发展放在首位，使电类专业教育评估符合人本主义教育观。

其次，明确专业教育的成果目标，即最终的学习成果（高峰成果）。明确相关电类教育专业的教育政策，考虑内外需求与培养目标的关系，内部需求包括办学思想和定位、专业教学规律等，外部需求则考虑利益相关者的共同诉求，包括国家、社会、行业和用人单位的需求，以制定专业的培养目标，同时还要考虑该专业学生毕业五年后在社会和专业领域的预期发展，将行业与用人单位的需求作为构建电类教育专业学习成果的重要依据。

因此，我国当前的职业教育迫切需要一种以目标为导向的教育改革，这种目标导向，就是明确学生毕业五年后的职业发展目标，以此来确定专业的培养目标，体现一种由输出向输入转变的反向设计理念。职业教育实际上是一种专业技术的教育，其最终目标是要让学生能够从事某种职业。专业技术教育的培养目标决定毕业要求，这里的毕业要求就是毕业生应该具备的能力，也就是学习成果，是具体化、可测量、可实现的，是一种全面的知识结构，是知识、能力和素质的结合体，而不是一个单纯的学科知识点。专业技术教育需要重点培养学生应该具备的毕业能力（学习成果）。因此，这种以培养目标决定毕业要求，以毕业要求决定课程体系，以课程体系决定教学要求，以教学要求决定教学内容、形式的教育，就是一种以学习成果为导向的教育。它最大程度上保证了教育成果与需求的一致性，是一种目前国际上通用的教育改革新理念，它能使教师清楚地知道所授课程能提供给学生哪些能力，学生在学习的时候也能明确为何而学。它不仅能使教师有一个清晰的教学目标，而且也能使学生有一个清晰的学习目标，从而充分发挥教与学的主动性和学习效能。

二、PDCA 循环理论：质量保障的科学依据

一直以来，以质量为核心开展教育评估和认证工作的国家包括美国、英国、澳大利亚、日本等教育发达国家，他们多采用质量控制模式来提升教育的质量。质量控制模式是学校内部为维持和提高教育的质量而采用的机制及管理过程，在指标设计的时候多体现在对教学管理内容下的质量控制。但随着时代的不断发展，这种对过程的监控而达到的标准，其关注对象仅限于产品生产过程（即教学常规管理）的作业层面，缺少对决策层和管理层的宏观管理。因此，教育改革急需一种创新的管理方法来促使人才培养的质量达到更高的标准。

（一）PDCA 循环理论的主要思想

PDCA 循环是全面质量管理中的基本工作方法，是产品质量改进活动的基本过程。PDCA 循环理论是由 20 世纪 20 年代美国质量管理专家沃特·阿曼德·休哈特博士提出的 PDS（Plan–Do–See）演化而来的，然后由美国质量管理专家戴明逐步发展成为 PDCA 模式。因此，PDCA 循环理论又叫作戴明循环理论。PDCA 循环将质量管理分为 Plan（计划）、Do（执行）、Check（检查）和 Action（处理）。PDCA 循环在质量管理中也是依照这个顺序,并且坚持不间断循环进行下去的科学程序。PDCA

循环理论强调产品质量保障的精髓是过程控制和持续改进，其循环过程就是发现问题和解决问题的过程，通过一个闭合的回路，使各项工作保持一个持续提高的状态。其中：① P– 计划阶段。总体任务是确定质量目标，制订质量计划，拟定实施措施，即做什么，怎样做。② D– 实施阶段。在确定计划之后，执行计划，按照计划的要求去做。③ C– 检查阶段。根据计划的目标和要求，检查计划的执行情况和实施效果。分析哪些地方做对了，哪些地方做错了，及时发现和总结计划在执行过程中的经验和教训。④ A– 处理阶段。处理即对检查的结果进行处理，总结经验即对成功的经验加以肯定，对失败加以总结，避免日后工作再出现类似问题，最后为下一次循环做准备。

PDCA 循环理论主要有以下三个特点。

1. 循环具有整体性

PDCA 循环理论认为任何一个质量管理都需要有一个良性的闭合的 PDCA 循环，使每个环节紧密结合，互相制约，共同发展。四个阶段形成了一个闭环的循环模式，缺一不可，并始终保持持续不停地运转。

2. 大环套小环，小环保大环，推动大循环

上一个阶段是下一个阶段开展的前提和依据，下一个阶段是对上一个阶段的落实补充和执行，以此类推。在企业管理中，PDCA 循环理论将整个企业看成一个大循环，而企业分支下的各部门、各小组分别具备各自的小循环，大环是小环的母体和依据，小环是大环的分解和保证。大环和小环协调培养，确保工作有计划地实施。

3. 循环的递进性

每进行一次 PDCA 循环，并不是周而复始的原地运动，而是呈现一种持续改进、不断提高的过程，每一次循环最关键的就是 A 阶段，即处理阶段，只有经历了这个阶段，对检查结果进行处理，将工作中的经验教训加以总结，从而指导下一次工作，才能避免同类错误的发生。

（二）PDCA 循环理论的提出

学校是教育产品的生产者，教育质量首先是教育机构在教学、科研和社会服务的过程中产生的，而不是外部监控的结果。在一个市场经济在资源配置中起基础作用的社会系统中，教育质量是教育机构赢得资源的最重要的筹码。在当前政府主导的教育评价制度中，教育质量控制是五年一次的周期性行为，多数学校的内部质量保障只是在接受评估时的临时行为，并没有形成持续性、制度化的内部质量保障机制。由于教育评估制度设计的缺陷，政府外部评估与学校内部评估之间的关系发生错位，外部评估尚没有通过一定的利益机制与内部评估形成互为补充的质量保障制度架构，学校的质量意识更多的在于政府评估的指标中，学校的质量责任更多的源

于顺利通过政府的检查，或在评估中取得好成绩。然而，这并不足以保证教育机构生产出满足社会需要的质优价廉的教育产品。有效的、可持续的教育评估制度，必然需要以学校自我评估为基础。PDCA 循环理论是全面质量管理理论下的质量持续改进理论，与质量控制理论存在一定的区别。质量控制强调质量要保持在可以控制的水平之内，为了满足质量要求，而消除一些不可控的因素，重点是防止出现差错，发挥现有的能力；质量的持续改进强调要使质量得到提高，要解决系统中出现的问题，使质量达到新的水平，强调的是提升企业的质量管理水平，提高质量保证能力。两者之间的关系，可以说质量控制是基础，它使全过程处于受控状态，在控制的基础上进行质量改进，使产品从设计、制造、服务到最终满足客户要求，达到一个新的水平。没有稳定的质量控制，质量改进的效果也无法维持。

（三）PDCA 循环理论对电类专业评价体系的启示

当前我国教育发展的主要任务已经从规模扩张转变为质量提升，与此对应的教育评估的指导方针也确定为"以评促建、以评促改、以评促管、以评促强"。然而，当我们回溯教育评估的实践时，发现评估方案设计的目的性有待加强，其存在的问题主要表现在两个方面：第一，评估功能重监督轻改进。教育行政部门的评估仍然主要以工作检查的方式出现，评价结果以判定等级为主，评估程序缺少对话、建议和追踪的环节，这种典型的终结性评估无法激发教育机构改进教育质量的自觉性。在美国著名教育评价专家斯塔弗尔比姆看来，评价最重要的目的不是证明，而是改进。评价是为决策提供有用信息的过程，评价设计的不足既无法为教育机构的质量改进提供咨询建议，也无法为政府教育政策的制定提供全面、充分的信息。第二，评估标准重数量轻质量。评估标准具有导向功能，依据此标准得出的评价结果常与被评估者的利益获得具有利害关系，评价标准在相当程度上引导着教育机构办学方向和质量观的形成。《2005 中国教育发展报告》中引用一则调查显示，在教育领域最突出的问题排序中，质量滑坡排在第一位。然而，考察现有的教育评估指标体系，重硬件轻软件、重投入轻效益、重定量数据的采集轻定性信息的收集，这样的评价标准难以将学校的工作重点转移到教育质量提高这一目标上来。评估方案效度的提高有待通过教育评估研究的深入和教育评估专业化程度的提升来实现。作为培养电类专业人才的电类教育专业，对培养人才质量同样值得借鉴。从以上对质量改进理念的论述中，在构建电类教育专业评价体系基本思路和框架上，可以得到以下三点启示：①开展电类教育专业评估是一个持续的质量改进的过程，它不仅是对专业的教育质量进行评估的外部保证活动，同时需要树立"以外促内，内外结合"的思想，建立外部循环和内部循环共同合作的模式。在强调以学习成果为导向的基础上，以质量监控为基础，以质量改进为提升，注重考察专业的教育质量的持续改进机制。②在指标设计过程中，首先，在计划阶段，应明确评估的总体目标，设置培养目标。其次，在实施过程中，严格依据培养目标实施科学的管理，在质量监控的基础上进行质量的持续改进，不断拓展持续性保障路径，全面提高电类教育专业评估培养质量。③指标内容体现大环套小环，小环保大环，推动大循环。PDCA 循环理论不仅涉及专业评估的质量保障内容中的整体循环改进，同时还体现在评估的各个环节。课程体系的评价、教学资源的保障、实习机制等与教学的各个环节相关，应体现对质量的持续控制、反馈评价与不断改进。因此，在构建相关评估指标时，需始终关注对教学各个环节保障的设计。

第三节　国内外研究现状综述

一、国外研究现状

OBE 教育理念诞生并成熟于国外。20 世纪七八十年代，美国民众因国家现行教育模式对科技事业的反馈力度不足，于是发起了基础教育改革运动。在此情形下，OBE 教育理念应时而生。该理念最早被美国学者斯派迪提出，并在其著作《基于产出的教育模式：争议与答案》中对 OBE 教育理念进行了深入的阐释，另外，该书也对基于 OBE 教育理念的教育结构进行了说明，即此结构是由 1 个执行范例、2 个关键目标、3 个关键前提、4 个执行原则以及 5 个实施要点组成。经过斯派迪的创设，OBE 教育理念的基本雏形显现于当时美国的教育改革之中，并在全世界范围内产生了深远的影响。之后，阿查亚又在斯派迪的研究基础上，将 OBE 教育理念的具体实施过程划分为学习产出的定义（Defining）、实现（Realizing）、评估（Assessing）以及使用（Using）四个步骤，这极大地提升了 OBE 教育理念运用于教育教学中的可行性与可操作性。美国、欧盟、日本、加拿大、韩国、南非等在其高等工程教育领域或高等医学教育领域多年的实际应用中表明，OBE 教育理念在提升这些国家与地区教育水平的同时，也彰显其具有的科学性与先进性。

（一）国外关于 OBE 教育理念运用于职业教育中的研究现状

国外将 OBE 教育理念引入职业教育之中进行研究，多数并不明确区分中、高等职业教育，而是统称为职业教育，这类研究较为丰富，其主要分为 OBE 教育理念在课程改革、国家资格制度、人才培养方案制定等方面中的应用研究。

首先，在课程改革方面。根据学习成果定义职业教育和培训课程其实并不新鲜，它们已经在德国、法国、芬兰以及英国等欧洲国家使用了 20 多年。例如，赛德福发表了一篇题为《职业教育和培训课程中的学习成果方法》的论文，该论文对 9 个欧洲国家关于注重成果的课程开发的最新趋势和挑战进行了研究，研究结果表明，在某些条件下，以学习成果为导向的课程可以改善学习和评估效果，并使教育和培训更加符合学习者和劳动市场的需求。这些条件涉及课程开发的整个周期，即包括设计、交付和学习者评估等过程。另外，在亚洲，普里汉托罗对雅加达职业高中教授机械加工与汽车专业课程的教师，关于工业 4.0 时代的要求在毕业生技能养成中的实施与影响的相关性进行了调研，调研结果也表明了基于 OBE 教育理念的职业高中课程符合印度尼西亚的出勤标准，对该国工业 4.0 的进一步实现具有较高的价值与意义。

其次，在国家资格制度方面。南非为解决国内群体教育不平等的问题，在 1995 年制定了资格认证局法案，该法案引入并建立了国家资格框架（NQF），NQF 规定了职业教育与培训等要根据"社会公认的标准"来衡量学生所学到的东西。NQF 不只是一种技术上的资格认证，还是一种嵌入了 OBE 教育理念的全新教育方法。NQF 经过南非多年的试行，对该国职业教育与经济的发展起到了极大的促进作用，并对非洲东部以及南部的多个国家产生了深远的影响。

最后，在人才培养方案制定方面。奥多拉为了解非洲南部国家博茨瓦纳的基于成果导向的博茨瓦纳技术教育计划（BTEP）所培养毕业生的质量，通过对建筑、机电工程、旅游以及酒店等行业企业的领导进行问卷调查。调查得知，BTEP 让学生具备了较高的生存与实践技能。另外，加拿大的基于 OBE 教育理念的职业课程体系，从重点培养学生毕业后立足于行业和企业的工作能力出发进行设计，并且加拿大对该课程体系的运用也较为成熟，同样也取得了较好的效果。

（二）国外关于 OBE 教育理念运用于电类专业实践课程中的研究现状

电类专业实践课程属于工程教育研究的领域范畴，国外将 OBE 领域理念应用于该领域的研究较为丰富，且主要分为在教学评估、教学改革、课程设计等方面中的应用研究。首先，在教学评估方面。南非学者瓦哈达对南非约翰内斯堡大学电气与电子工程科学系采用的基于 OBE 教育理念构建的持续评估框架的优点进行了分析，并针对缺点提出了相应的解决方案。美国学者法鲁克等人对美国普渡大学电气与计算机工程技术系在过去三年中所实施的基于成果的持续性改进计划及其取得的成效进行了阐述，接着又提出了一种基于结果评估的 TAC-ABET 模型，定义了其组成部分，详细介绍了该模型实施过程中应使用和遵守的协议，为学习成果的实现与监督做了保障。

其次，在教学改革方面。印度学者古拉为了促进学生理论与实践的相互结合与贯通，同时培养他们的团队合作精神，利用 OBE 教育理念对印度班加罗尔大学 BMS 工程学院电信系开设的模拟电子电路本科课程进行了教学改革，通过引入新的课程成果（COS）的方式，以学生为中心，给学生提供使用创新方法做演示和使用创造力做实验的机会，并通过实践表明了该新教学模式基本达到了预期目标。菲律宾学者略伦特为配合国家高校的课程改革，将 OBE 教育理念运用于德拉萨勒大学的计算机与电子工程本科专业的实验室手册设计之中，手册设计的预期目标是为了提升学生自行设计并解决机器问题的能力。但实际结果发现，尽管该手册符合 OBE 教育理念的实施框架，且突出了学生中心的原则，但该手册预期目标过于理想，对学生与教师而言要求都过高，应结合实际进行一定的改进。

最后，在课程设计方面。南非学者彼得勒斯等人基于 OBE 教育理念在南非已实施几十年的背景下，为检验其运用效果，探讨了基于 OBE 教育理念课程的实际设计效果，将其与学校传统旧课程进行比较研究，研究得出两种课程对于学生的学习影响并没有显著性差异的结果，值得人们深思与进一步分析研究。接着，印度学者普拉萨德等人基于全球迫切需要更多具有计算机专业技能的新工程师的背景，将基于 OBE 教育理念设计的计算机教学方法（CBTM）的开发过程成功运用于工科毕业生的线性数字集成电路应用、微处理器与微控制器等课程之中，从而使 CBTM 融入工程教育之中，以更好地实现基于 OBE 教育理念的课程成果和项目成果的价值。

二、国内研究现状

2003 年，OBE 教育理念在国内学者姜波的《OBE：以结果为基础的教育》一文中被研究，其在该篇文章中将 OBE 教育理念包含的"2 个目标、3 个假设以及 4 个原则"进行了阐述，并将其中的 4 个原则视为 OBE 教育理念是否真正落实到位的试金石。接着，学者李光梅又对 OBE 教育理念的实质与特征进行了说明，并提出教师要善于利用现代化技术来培养学生多方面的能力，以实现 OBE 教育理念要达到为学生未来做准备的重要目的。此后几年，我国学者对 OBE 教育理念的研究几乎处于沉寂状态，但这期间，我国台湾与香港地区对该理念的研究如火如荼，这两个地区进行了一系列 OBE 教育理念中国化的先锋试行，对 OBE 教育理念的应用研究颇有建树。之后，随着中国 2016 年全票成为《华盛顿协议》正式成员国以来，关于 OBE 教育理念的研究如雨后春笋般涌现，该理念逐渐成为中国学者研究的焦点，且研究成果愈来愈丰富，并在世界范围内产生了一定的影响。截至 2023 年 3 月，中国知网对于 OBE 以及成果导向等的相关研究有 10 000 余篇，数量之多，表明了中国学者非常重视对 OBE 教育理念的研究。

（一）国内关于 OBE 教育理念运用于职业教育中的研究现状

在中国知网上以"OBE + 职业教育"为主题进行搜索，截至 2023 年 3 月，共有 30 余篇相关论文，再以"成果导向 + 职业教育"为主题进行搜索，截至 2023 年 3 月，共有 20 余篇相关论文。王金震的《职教师资本科培养机械电子工程专业课程整合研究》论文中将 OBE 教育理念在职业教育领域之中进行了应用研究，之后的研究多集中于 2019 年与 2020 年这两年，可见国内对于 OBE 运用于职业教育教学中的研究鲜有，但相信未来这方面的研究会越来越多。目前这 50 余篇文献，可分为 OBE 在职业教育专业课程开发、职业教育教学改革、职业教育人才培养、职业教育师资培养这四个方面中的应用研究。

首先，在职业教育专业课程开发方面。王克如在 OBE 教育理念的指导下，调查了当前旅游企业对中职毕业生职业能力的实际需求，并据此设计了中职旅游管理专业的课程体系。该体系有利于加强课程设置的针对性，能够避免教学内容过时，可以提高学生的职业素养与职业技能。韩晶基于 OBE 教育理念，通过内容模块化、评价多样化等方式对中职影视后期制作课程进行改革研究。研究表明，改革后的课程能够提高学生的自主学习能力，提升学生的学习参与感与成就感。

其次，在职业教育教学改革方面。刘笑园聚焦中职汽车营销与服务专业，并以该专业的"汽车营销"课程为例，将基于 OBE 教育理念的混合式教学运用于该课程之中。研究发现，新构建的教学模式能够激发学生学习的积极性，对学生高阶能力的发展有积极的促进作用。王晓东在 OBE 教育理念下，以"反向设计"为指导原则，对中职学前教育专业的舞蹈教学环节进行了设计。研究发现，该教学设计让学生的舞蹈素质得到了明显的提升，学生入职培训时间较往常明显缩短，并得到了该校领导与教师的认可与好评。

再次，在职业教育人才培养方面。罗娜对照企业关于中职电子商务人才的实际需求，来对中职学校相关专业学生培养的现状进行分析，并根据 OBE 教育理念，提出了解决当前该专业人才培养问题的有效策略。朱永梅等人为探索中职与应用型本科（"3+4"）的机械及自动化专业人才培养的有效衔接，利用 OBE 教育理念，建构了新的人才培养模式，并提出了保障有效衔接的具体措施。

最后，在职业教育师资培养方面。王金震通过学习 OBE 教育理念的相关文献研究，借鉴工程教育改革成功经验，从课程整合的层次与类型出发，将专业教学知识的培养视为核心，从而制定了机械电子工程专业职教师资本科培养的课程整合策略。顾容等人受到美国基础教育与高等工程教育改革的影响，将 OBE 教育理念迁移应用到中职师资培养中，根据其实施原则，结合中职教师的特点对师资培养模式进行了革新。

（二）国内关于 OBE 教育理念运用于电类专业实践课程中的研究现状

电类专业在工科专业的基础课程中有着重要的地位。截至 2023 年 3 月，在中国知网上，以"OBE＋电路"或"成果导向＋电路"为主题进行搜索，得到相关论文

110 余篇。归纳发现，现阶段国内将 OBE 教育理念融入电类专业实践课程的研究多偏向于教学评估与人才培养方面，对于电类专业实践课程建设相关内容的研究少之又少。因为电类专业兼具理论与实践双重性质，所以本科阶段或高职阶段对于 OBE 教育理念在数字电路之中运用的研究，主要分为理论与实践两个方面的课程教学改革研究。

在理论课程教学改革方面。杨春玲等人把哈尔滨工业大学的数字电子技术课程作为试点科目，将 OBE 教育理念融入该课程的教学之中，采用混合式教学的方法对课程教学进行了改革。改革后发现，新教学模式激发了学生的学习兴趣，学生对课程的满意度较高，且实验组教师在学期末的全校评教中获得了优异的成绩。刘朝霞等人将 OBE 教育理念引入高职电子技术课程之中，利用其对课程内容进行重组，形成了新的课程体系，并采用翻转课堂等多种教学方法进行教学实践，同样取得了较好的教学效果。

在实践课程教学改革方面。郑兆兆利用 OBE 教育理念，从实验教学目标与考核方式入手，通过"翻转课堂＋虚拟仿真＋实验教学"的立体化教学方式进行了数字电路实验教学的探究。结果表明，该教学模式有利于学生理论知识学习、自主学习、创新和工程实践能力的养成。王波等人基于 OBE 教育理念教育模式，架构了多层次（基础验证型、综合设计型、创新研究型）项目内容、递进式评价方式的电子技术实践体系，并对该体系进行了实证研究。结果表明，该体系对于学生的实践动手能力以及综合素质都有很大的提升作用，为学生在后期国家电子设计大赛中取得优异成绩打下了坚实的基础。孙敏等人针对西安交通大学的数字电子技术实验教学中存在的问题，将 OBE 教育理念用于问题解决的措施之中，把学生的创新设计能力视为培养核心，改变传统验证型实验，构建以项目设计为导向的数字系统新型实验，并通过教学实践发现无论是学生的数字系统设计能力，还是学生的工程实践能力都有了明显的提高。

三、现状综述与发展分析

综上所述，首先，国外是 OBE 教育理念的发源地，且国外对于 OBE 教育理念的理论内涵、实践架构、实际应用研究丰富且多样，这些研究充分体现出 OBE 教育理念在满足市场对人才实际需求方面具有极大的价值与意义。国内对于 OBE 教育理念的研究，从一开始的引入学习，到现在的逐渐本土化应用转变，体现出 OBE 教育理念在我国人才培养质量提升上起到了促进作用。尽管国内对于 OBE 教育理念的应用研究所取得的成果在世界范围内也产生了一定的影响，但国内的研究仍不及国外的全面、深入，因此，现阶段国内学者应结合自身研究对象的特点，合理吸收与借鉴国外先进的研究成果，从而不断促进 OBE 教育理念向着中国本土化发展。其次，在 OBE 教育理念运用于职业教育的研究上，国外将 OBE 教育理念在职业教育领域中的应用时间较早，且实践研究也较为丰富。通过国内将 OBE 教育理念运用于中职教育中的研究可知，近两年取得了许多成果，但研究仍不全面，需要更多学者将 OBE 教育理念不断与中职教育的各方面进行结合，从而让 OBE 教育理念在职业教育之中不断发挥其自身具有的优势。最后，在 OBE 教育理念运用于电类专业课程的研究方面，国外因国际工程认证的实行，OBE 教育理念多被运用于高等工程教育的电类专业实践课程之中，在职业教育电子专业实践课程中的应用却鲜见。国内因近年加入《华盛顿协议》等原因，多将 OBE 教育理念运用于本科工程教育之中，以期加快实现国内高校的国际工程认证，后也有部分学者将 OBE 教育理念从本科领域引入高职领域，但 OBE 教育理念在电类专业实践课程的研究却几乎没有。因"中国制造 2025"中新一代信息技术的发展需要大量高素质的电子类技术技能型人才，而目前大多数职业院校电子技术类专业学生在毕业时出现自身知识和技能无法满足企业行业标准的情况，或者学生勉强就业，后期也因为自我学习能力差，导致跟不上技术变化，职业发展最终陷入瓶颈等问题，一直困扰着职业院校。OBE 教育理念作为从学校的毕业要求出发，反向制定教学目标的教育思想，为改变电类专业学生就业现状带来了希望。

第二章　OBE 教育理念下电类专业实践课程建设研究

第一节　OBE 教育理念下电类专业实践课程建设的顶层设计

顶层设计是保证课程建设有效运行的关键，具有规划、指引和统领全局的作用。本节紧密结合 OBE 教育理念在电类专业实践课程建设中的实施要点和职业院校的特点，对 OBE 教育理念下电类专业实践课程建设的顶层设计展开研究，重点明确指导思想、基本原则、建设目标和建设任务，为 OBE 教育理念下电类专业实践课程的建设策略提供依据和方向。

一、OBE 教育理念下电类专业实践课程建设的指导思想

思想是行动的先导，只有思想正确，才能引导做出正确的行动。因此，要实现电类专业实践课程建设的目标，首先必须明确 OBE 教育理念下电类专业实践课程建设的指导思想，以习近平新时代中国特色社会主义思想为指导，全面贯彻落实习近平总书记关于教育的重要论述和全国教育大会精神，落实立德树人根本任务，树立现代化教育理念，并用现代化教育理念引领教育教学改革。OBE 教育理念作为现代化教育理念之一，应贯穿课程建设的全过程。本节以 OBE 教育理念为引领，结合课程建设内部规律和职业教育的特点，为导向制定课程目标、加强课程教学团队建设、优化课程内容、优化课程实施、重视过程性评价和加强课程建设管理，打造适合职业院校的高质量电类专业实践课程，提高课程建设质量，培养具有家国情怀、使命担当和创新精神的卓越工程师和高技能人才。

二、OBE 教育理念下电类专业实践课程建设的基本原则

职业院校着重培养地方所需要的应用型人才，具有"地方性、特色性、复合性和应用性"的特点。OBE 作为一种先进的教育教学理念，已经被广泛地应用到教育教学改革中，因此，OBE 教育理念贯穿职业院校电类专业实践课程建设全过程，应该坚持需求导向、能力导向、以人为本、创新性和实践性等原则。

（一）坚持需求导向原则

电类专业实践课程建设首先要明确课程目标，课程目标是依据毕业要求指标点制定的，毕业要求指标点是按毕业要求分解而来的，毕业要求是依据人才培养目标制定的，而人才培养目标又是依据国家、社会、行业、专业和学生自身等多方需求而制定的，整个目标的制定过程都遵循需求导向原则，把需求作为出发点和落脚点，形成一种"零适应"，最大程度保证学生毕业后对多方需求的适切性，因此必须坚持需求导向原则。

（二）坚持能力导向原则

能力导向原则是指改变传统教育只关注学生知识和理论的培养，着重突出对学生能力的培养，更好地满足未来工作岗位能力的需求。课程建设中的课程目标强调能力产出，关注学生取得的学习成果，并通过检验取得的成果判断是否达到课程目标的要求，从而进一步改进教学，因此应坚持能力导向原则，保证课程目标的最终实现。

（三）坚持以人为本原则

以人为本原则是指一切活动都要遵循以人的发展为中心。在课程建设过程中，教师要坚持以学生为中心，及时更新教学模式，积极采用线上线下混合教学模式等，真正坚持以人为本，以学生为中心。

（四）坚持创新性原则

课程建设中的课程内容要体现创新性，实践课程内容的选取要体现前沿性，及时将新工科最新学术研究成果引入电类专业课建设；教学方法要体现创新性，推广实施案例教学、项目式教学、任务驱动式教学等方法，引导学生进行个性化学习。

（五）坚持实践性原则

课程建设中的课程内容应体现实践性，增加与生产实践相结合的课程内容；教学方法要体现实践性，教师要鼓励学生多进行项目研究、参加创新实践训练等，拓宽学生学术视野，激发创新思维，提高学生的综合实践能力。

三、OBE 教育理念下电类专业实践课程的建设目标

依据教育部《现代职业教育体系建设规划（2014—2020 年）》总体建设目标，结合职业院校的特点，聚焦电类专业课，牢固树立 OBE 教育理念等课程建设新理念，建设一批具有创新性、实践性、地方特色性的高质量职业院校电类专业实践课程，提高课程质量和人才培养质量。具体目标如下：第一，打造一支高水平的课程教学团队。课程教学团队人员结构及任务分工合理；具备良好的师德师风、教学理念先进，

具有丰富的教学实践经验，能够运用新技术提高教学效率，提升教学质量的"双师双能型"课程教学团队。第二，课程目标有效支撑毕业要求。职业院校要科学地制定课程目标，需符合学校办学定位、人才培养目标和毕业要求，注重学生本专业核心知识、能力、素质的培养，特别是应用能力和实践能力培养。第三，课程内容与时俱进。课程内容的设计应重视能力和素质的培养，并依据社会发展需求动态与新工科前沿动态及时更新知识体系，契合课程目标；教学资源丰富多样，体现科学性、实用性和地方特色。第四，课程实施以学生为中心。教师依据学生的认知规律和特点，创新教学模式，促进师生交流和生生交流，实现优质资源共享，教学反馈及时，教学效果显著。第五，课程评价科学且可测量。职业院校针对课程目标、课程内容、课程实施等采用多元评价方式，过程可回溯，改进积极有效。

四、OBE 教育理念下职业院校电类专业课程的建设任务

为了实现 OBE 教育理念下职业院校电类专业课的建设目标，需在课程建设理念、课程教学团队、课程目标、课程内容、课程实施、课程评价、课程建设管理等方面加以完善与优化。

一是更新课程建设理念。职业院校应以新理念引领课程建设，推动课程思政理念形成广泛共识，构建全员全程全方位育人大格局。确立学生中心、产出导向、持续改进的理念，提升课程的高阶性，突出课程的创新性，提升课程的挑战度。结合新工科建设的要求，树立新工科教育理念，培养高素质、高水平的工程人才。

二是建设高水平课程教学团队。一方面，课程教学团队要坚持立德树人，具有良好的师德修养，强烈的教学改革意识和先进的教学理念，丰富的教学和实践经验，致力于激发学生的内在潜力和学习动力。推动课程思政理念形成广泛共识，善于运用新技术提高教学效率、提升教学质量。另一方面，制订合理的教师教学能力发展计划；要求教师积极开展教学研究，积极参加教学研讨与学术交流；制订可行的青年教师成长计划，开展多项培训帮助青年教师过好教学关，打造一支结构合理、人员稳定、德才兼备的高水平课程教学团队。

三是优化设计课程目标。以 OBE 教育理念为引领加强课程建设，职业院校应遵循需求导向原则，依据国家、社会、学校等多方需求培养目标，依据培养目标确定毕业要求，由毕业要求分解的指标点决定课程体系，由课程体系决定每门课的课程目标。因此，课程目标的制定要能够支撑学生某一方面的知识、能力、素质，注重对学生工程技术知识、工程实践能力和综合素质的培养；多门课程的课程目标制定要能够支撑本专业核心知识、能力、素质的培养，进一步保证培养目标的有效达成。

四是优化制定课程内容。职业院校电类专业实践课程内容应能够支撑培养方案中培养目标和毕业要求的达成，能有效落实知识、能力与素质培养，特别要突出对

能力、素质的培养。在能力方面，要在课程中融入培养实践能力和应用能力的内容；在素质提升方面，要在课程中深入挖掘思政元素，大力推进课程思政建设的内容。处理好课程内容的基础性与先进性的关系，及时把教学研究成果以及新工科最新发展引入教学，不断更新课程内容；研究课程与其前后课程的关系，注意承前启后；实验课程应与专业课内容有机结合，提高综合、设计性实验的比例，培养学生解决复杂工程问题的能力；注重教材的选用，满足职业院校地方性、特色性、复合性和应用性的特点。

五是优化课程实施。贯彻"以学生为中心"的教育教学理念，探索、实施先进的教学方法，引导学生进行研究性学习。鼓励采取"大班授课＋小班研讨"、翻转课堂等方法激发学生学习兴趣，灵活地使用信息化教学手段，调动学生学习的主动性，提升学习效果。重视并研究考试方法改革，实施"累加式"考试，采取大作业、课程论文、综合设计等方式，增加平时学习的挑战性，引导学生改变"平时不学、考前突击"的学习习惯。

六是科学进行课程评价。以实现课程目标为重点，实施全过程评价，激发学生的学习动力，职业院校应重视对学生课内外学习的评价，加强对实践能力和思维能力的考查，扩大课程学习的广度。加强项目式学习，丰富探究式、阶段测验式等作业评价方式，增强课程学习的深度。加强非标准化等考核评价，提升课程学习的挑战度，考核评价过程可回溯，评价结果持续改进。

七是完善课程建设管理机制。职业院校要从加强组织领导、制度建设和经费投入等多方面保障电类专业实践课程建设的有效运行。

第二节　OBE 教育理念下电类专业实践课程的建设策略

依据 OBE 教育理念下职业院校电类专业实践课程建设的指导思想、基本原则、建设目标和建设任务，借鉴国内外高校电类课程建设的先进经验和启示，重点围绕牢固树立现代化教育理念、加强教学团队建设、优化设计课程目标、重构课程内容、实施多样化教学模式、有效达成课程目标、完善课程建设质量评价和持续改进机制等七个方面提出相应的建设策略，全面提升职业院校电类专业实践课程建设质量和人才培养质量。

一、以 OBE 教育理念为引领，牢固树立现代化教育理念

现代化教育理念对加强课程建设起重要的指导作用。OBE 教育理念目前已被广大教育工作者所认可，并运用到教育教学改革实践中。该理念强调遵循"学生中心、

产出导向、持续改进"原则，面向所有学生，关注学习成果，建设质量文化，持续提升工程人才培养水平。对于 OBE 教育理念下职业院校电类专业实践课程建设，结合职业院校和电类专业实践课程的特点，我们必须牢固树立立德树人理念、以人为本理念、新工科教育理念等现代化教育理念。

一是立德树人理念。立德树人的基本内涵是"树立德业，培养人才"，职业院校应深刻把握该理念的基本内涵，并落实到课程建设全过程中。"树立德业"是指学校在所有教学工作中应以德育为先，高度重视德育，充分发挥德育对知识学习的促进和激励作用，明确道德对学生知识、能力的引领作用，在课程设置上以思政课为主，尽最大努力提高学生的思想道德素质。"培养人才"是学校四大职能之一，也是立德树人理念的核心。学校是学生生存和发展的主阵地，应努力为学生的健康成长和全面发展创造合适的环境和条件。因此，职业院校应深刻把握立德树人的基本内涵，充分发挥德育主阵地、主课堂、主渠道作用。

二是以人为本理念。随着社会的进步，已经从重视科技发展转向了重视人发展的时代，赋予了以人为本的新的时代内涵。"以人为本"理念强调在教育教学全过程中，要把重视人、理解人、尊重人、爱护人、提升人和发展人的精神贯穿始终，更关注人的自我价值实现和未来发展需求，提高人的生存和发展能力，促进人的全面发展与完善。职业院校作为应用型人才培养的主阵地，应贯彻落实"以人为本"的理念，即以学生为本。教师及所有教学管理人员应树立以学生为本的理念，在整个教学过程中要充分发挥学生的主体作用，注重挖掘学生自身潜能，促进学生全面发展。

三是新工科教育理念。在"新工科"背景下开展职业院校电类专业实践课程建设，首要任务就是树立新工科教育理念。新工科教育理念包括开放包容的工程教育理念、创新型工程教育理念、综合化工程教育理念、全周期工程教育理念和全面发展的工程教育理念等五个理念，其中须将创新型工程教育理念、综合化工程教育理念、全面发展的工程教育理念贯彻落实在课程建设全过程中。树立创新型工程教育理念，强调在教学实施过程中创新教学模式，培养学生的创新意识和创新能力；树立综合化工程教育理念，强调在课程目标和课程内容设计时，注重对学生知识、能力、素质的培养，培养出既有扎实的工程知识，又有较强解决工程复杂问题能力、创新能力和人文精神的高素质人才；树立全面发展的工程教育理念，在教学实施过程中强调以学生为本，强化育人功能，落实立德树人的根本任务。

二、加强教学团队建设，全面提高教学团队素质和水平

教学团队建设是课程建设的关键，教学团队质量直接影响课程建设质量。在 OBE 教育理念指导下进行职业院校电类专业实践课程建设，须按照四有好教师（有理想信念、有道德情操、有扎实学识、有仁爱之心）的标准，全面提高教学团队的素质

和水平。以下提出四点提升教学团队素质的建议。

一是开展交流研讨，加强师德师风建设。职业院校要定期组织开展经验交流和学习研讨活动，一方面积极组织管理人员和课程教学团队参加全国经验交流专题研讨会，学习各个院校在贯彻现代化教育理念和落实立德树人根本任务中取得的先进经验和做法；另一方面挖掘校内优秀教师示范，通过案例诠释师德内涵，发挥榜样的示范作用，呼吁全校教师向优秀教师学习，提高全体教师的师德师风修养。

二是加强教师培训，使教师具有扎实学识。职业院校应坚持集中培训和分散学习相结合，采取"请进来、走出去"的办法，一方面，邀请校内外权威专家开展 OBE 教育理念和新工科教育理念相关主题讲座，介绍各个学校在电类专业实践课程建设过程中落实 OBE 教育理念和新工科教育理念所取得的实践成果，同时选派课程教学团队和教学管理人员参加校外相关的培训学习班，尽快转化学习成果；另一方面组织教师自学线上相关专题内容，让广大教师对电类专业课程建设有更清晰的了解，并通过反思总结提高自身的学术水平。

三是重视"双师双能型"教师的培养，提高教师工程实践能力。高质量的"双师双能型"教师是职业院校保障应用型人才培养目标实现的前提，"双师双能型"教师是指兼具教师、工程师的资格，兼备教学能力、实践能力的教师，教师不但要具有较高的学科专业理论和知识水平，还应具备丰富的实践经验及动手操作的能力。目前职业院校部分教师的知识结构缺乏实践经验或应用性知识和技能，因此须重点加强教师工程实践能力的培养。一方面，职业院校可以定期组织教师到当地企业实习，鼓励教师在相关企业挂职，参与企业生产、设计、研发等实际工作，培养和提高教师的工程实践能力、设计开发能力和技术创新能力，不断提高教师的整体素质。另一方面，职业院校可以成立教师教学发展中心，面向全校教师开展教学业务能力提升培训，并建立教师专业成长社群，实施"双师双能型"教师认证，组织开展教师教学技能竞赛，引导教师提升实务能力，最终建设成一个高质量的"双师双能型"教学团队。

四是完善教师激励与约束制度。职业院校在保障教师工资待遇的同时，要对业绩突出的教师进行适当的表彰，以激励他们的工作热情。首先，建立多类型教师发展基金，帮助教师实现自我发展，提升自身的专业水平；设立教学质量奖，通过学生评价、同事互评和自我评价，全方位提高教师的综合素质。其次，加强科研课题研究。为了提高电类专业实践课程教师的教学水平，需要积极开展课题研究，职业院校要尽量满足教师的经费需求，确保科研项目能够顺利进行。最后，建立动态评价制度。学校应着眼于寻求奖惩性评价和发展性评价之间良好的结合点，以发展性评价为主，奖惩性评价为辅，利用奖惩机制中积极的激励因素来拉动教师和学校的发展，同时制定具体的规则来约束教师的行为。

三、明晰毕业要求指标点，优化设计课程目标

课程目标的设计是课程建设的重要组成部分，它决定了课程实施的有效开展，因此，职业院校必须高度重视课程目标的制定工作。在 OBE 教育理念的引领下，结合职业院校培养应用型人才的特点，课程目标设计以培养应用型人才的知识、能力、素质为重点，坚持需求导向原则。

一是分解毕业要求指标点。首先，职业院校主要是为区域经济发展服务，如何能够更好地为区域经济服务，关键看其所培养的毕业生能否满足工程界的行业需求，能否将在校期间培养的知识、能力与素质快速有效地运用到实际工作当中去。因此，职业院校须依据国家、社会、学校多方需求制定人才培养目标，为了使培养目标科学、合理，可以邀请行业专家、用人单位参与制定。其次，依据培养目标制定毕业要求，即学生在毕业时应掌握本专业核心的知识、能力与素质。最后，以"工程教育专业认证通用 12 条毕业要求"为例，分解出每一项要求所对应的若干毕业要求指标点，对于电类专业课，要重点明确专业知识，问题分析，设计/开发解决方案，研究、使用现代工具以及工程与社会等方面的要求。

二是优化设计课程目标。课程目标是依据分解的毕业要求指标点制定的，这就要求不同的电类专业实践课程满足相应的工程能力和素质的要求，即满足 12 条毕业要求分解出的若干指标点的要求。然而，当前我国职业院校培养电类行业专业人才还存在许多问题，如"重理论轻能力"的现象比较严重，即只重视理论知识的学习，忽略专业实践、人文素养、开拓创新等方面能力和素质的培养。因此，职业院校应依据学生在毕业时应具备的工程素质与能力优化设计课程目标，帮助学生毕业后更快地适应工作岗位。

四、突出能力和综合素质的培养，重构课程内容

制定课程内容是课程建设的核心问题。传统的课程内容设计时只重视知识的培养，忽略能力和素质的获得。但在 OBE 教育理念指导下强调能力导向，新工科教育理念下也强调能力产出，结合职业院校的特点，在制定专业课内容时须突出应用能力和综合素质的培养，帮助学生掌握电类专业知识的同时，达到人格塑造、能力提升的目的，培养地方所需要的应用型人才。

一是充实课程思政内容。在人格塑造方面，职业院校应加强课程思政建设，挖掘课程思政元素，让学生在获得知识、能力的同时，树立正确的世界观、人生观、价值观。电类专业实践课程应以本专业的育人目标为依据，深入挖掘知识体系中的精神内涵，在教学过程中将思想政治立场与工科专业的科学创新精神有机融合，以提升学生正确认识问题、分析问题、解决实际问题的能力。

二是丰富实践能力课程内容。在能力提升方面，紧密结合课程教学对电类专业

人才能力培养所起的作用，设计选择相应的教学内容，并及时更新，实现专业人才能力培养的教学目的。一方面，职业院校应借鉴优秀院校的做法和经验，加大实践教学内容的比重，将电力电子领域最前沿的科技成果融入教学实践中；考虑学生具体所学专业的差异，选择既通俗易学又紧密结合专业发展的教材和授课内容，让学生更好地掌握这门课程的理论知识，并在实践中加以运用，最终获得解决复杂工程问题的能力。另一方面，在参与项目的过程中，指导学生通过阅读文献和一线实习的方式，主动学习新知识和新技术，了解本学科最新发展动态，提高实践应用能力。

三是选择先进的专业知识。在知识获得方面，学校要在选用优质教材的基础上，整合优质课程教学资源，优化选择先进、有价值的课程内容，实现工科人才对所需知识的掌握。一方面，鼓励教师从工程实践出发，结合职业院校人才培养的需求自行编写教材。这样做的优势在于，教师能够从学生的角度出发，根据专业定位对标社会需求，在教材中灵活地更新前沿知识和工程实际案例，使学生所学知识满足社会需求。另一方面，学校和教师应整合线上优质的课程资源，教师在教学课件中可融入相关内容，丰富学生对新工科知识的了解。

五、突显学生主体地位，实施多样化教学模式

课程实施是保证课程内容有效传播的核心环节，直接影响学生的学习成果。以人本主义课程论为指导，进行 OBE 教育理念下职业院校电类专业实践课程建设，须突显学生主体地位。因此，在课程实施过程中，教师应采用线上线下混合式、引导 – 发现、目标 – 导学等多种新型教学模式，真正落实学生的主体地位。

一是线上线下混合式教学模式。该模式是把传统教学方式的优势和网络化教学的优势结合起来，既发挥教师的主导作用，又能体现学生的主体性，从而达成更好的教学效果。学生先在网上学习教师预先录制好的视频资料，获得初步知识，再在课堂上就不懂的问题与教师进行研讨学习。线上的网络学习培养学生的自主学习能力和问题分析能力；线下学生带着问题进行课堂讨论，激发学生学习的主动性、积极性和创造性，提高学生的课堂参与度和学习效率。

二是引导 – 发现教学模式。该模式是以解决问题为中心，学生在教师指导下，发现问题、提出假设、验证假设、获得结论。该模式中的师生处于协作的关系，教师更加注重学生的独立思考，学生通过积极能动的探索，发现新的知识，使学生学会学习，有利于培养学生科学的学习态度和探索能力。

三是目标 – 导学教学模式。该模式是依据布鲁姆教育目标分类等多项理论演变而来的，以落实科学的教学目标为导向，以师生互动、学生自主建构为课堂基本形态，以当堂达标为检验教学效果的基本手段。该模式坚持课程目标科学性、学习自主性、达标实效性的教学策略，有利于培养学生的自主学习能力；教师通过与学生

互动因材施教，满足学生个性化的需求，促进全体学生有效学习。

六、加强过程性评价，保障课程目标的有效达成

课程评价是课程建设中的重要一环，实质是检验学生的学习效果是否达到了课程目标的要求。传统理念下过于强调终结性评价，不能完全评测出学生在一门课的学习过程中获得的某一方面的知识、能力与素质，以及学生在多门课学习过程中获得本专业核心的知识、能力与素质。因此，OBE教育理念下职业院校电类专业实践课程建设应加大过程性评价的力度，以发展性评价理论为指导，检测学生课前、课中、课后所获得的学习成果，并与终结性考核评价相结合，综合评价学生对相应知识、能力与素质的获得情况。具体可以通过以下三个方面来加强。

一是要注重发挥教师的能动作用。首先，教师通过科学合理的评价能促进学生进步；其次，教师应想方设法去引导学生积极参与评价，培养他们评价的能力；最后，教师通过评价结果掌握学生学习状况，及时调整教学方案和评价方案。

二是教师须向学生明确评价的标准。在进行"档案袋评价"时，部分学生只关注评价结果，而忽略所设计的评价标准。在教学过程中，教师须向学生讲解评价标准的内涵，即标准是对学生学习过程的关注，这样可以帮助学生明确要达到评价中的某些标准需要具备怎样的条件，进一步确定学习方向，同时让学生把关注点转向教师所设定的标准，从而更有目标地进行学习。

三是让学生尝试参与评价设计。在评价标准制定的过程中，可以让学生参与制定或对教师制定的标准提出意见，这样不仅有助于学生把标准内化成为学习的导向，还能提高他们参与课堂的积极性，最终提高课程目标达成度评价的实效性。

七、加强质量标准建设，完善课程建设质量评价和持续改进机制

课程建设质量标准决定课程建设质量的好坏，加强课程建设必须以科学合理的课程建设质量标准为引领。要建设好OBE教育理念下职业院校电类专业实践课程，首先要以OBE教育理念和新工科教育理念为指导，并结合职业院校的实际情况，建立和完善课程建设质量评价机制，保障课程目标的有效达成。

一是制定课程建设质量标准。目前，国家层面没有推出统一的学校课程建设质量标准，但各学校为了保障课程质量，须紧密结合OBE教育理念的内涵和电类专业实践课的特点，立足职业院校的办学特色和人才培养定位，制定科学、合理且具有自身特色的课程建设质量标准。具体标准如下：具有高水平的师资队伍、课程目标有效支撑培养目标达成、课程内容与时俱进、课程实施突出学生中心地位、课程评价科学可测量、课程建设管理机制完善和教学条件能够保障教学实施等。标准先行，

确保课程建设的先进性和时效性。

二是评价指标体系的构建。首先，开展课程建设质量评价的根本目的是检验课程建设目标是否达成，通过评价反馈结果进行课程建设改革，提高课程建设的整体水平。其次，明确评价内容，包括师资队伍、课程目标、课程内容、教学模式、课程评价、课程建设管理、教学条件等方面。最后，也是最关键的环节，需要依据课程建设质量标准和评价内容进行评价标准的制定、评价指标的选取及权重赋予。

三是评价过程。首先，确定评价主体、评价方法及评价周期，可以进行课题组自评。参评电类专业实践课按照课程建设与质量评估指标体系的要求进行自评，总结成绩、查找差距、分析成因、提出对策，填写课程自评表并提交学校；也可以学校组织专家到院部进行现场考察评估。专家组在审查自评材料的基础上，通过听取课题组汇报、访谈课程建设相关人员、查看课程建设资料、抽查试卷、考察教学条件等形式，对课程建设工作做出客观评价，形成评估结论和意见，评价周期一般为5 年。其次，进行评价结果反馈。这一环节需明确反馈主体、反馈内容、反馈途径及反馈周期，建立科学有效的课程建设目标达成度评价结果反馈机制。学校相关责任机构要将课程建设目标达成度评价过程中收集的相关意见和建议及时反馈给相关主体，为课程建设目标的持续改进提供参考依据。最后，持续改进评价结果。持续改进是课程建设目标持续改进机制中最重要的环节，因此要明确课程建设目标持续改进的改进主体、改进内容和改进周期。学校根据课程建设目标评价结果反馈的意见和建议，制定相应的持续改进措施，用于完善和提高下一阶段课程建设，学校要特别重视持续改进的监督与检查工作，强化改进成效，形成评价 – 反馈 – 改进的闭环体系，保证课程建设目标的达成，促进课程建设质量的提升。

第三节　OBE 教育理念下电类专业实践课程的实施保障

电类专业实践课程建设的有效运行，依赖于组织、制度、经费、信息化平台等多方面的保障和支撑。因此，本节从完善课程建设管理机制和加强信息化平台建设两大方面提出针对性措施，以保障课程建设各环节有效推进。

一、加强课程建设管理，完善课程建设管理机制

课程建设管理是影响课程建设质量的重要因素之一，职业院校应通过加强组织领导，协调落实部门职能与责任分工；加强制度建设，提升监督检查工作质量；加强经费投入，激发课程建设活力等方式来完善课程建设管理机制，进而提高课程建设质量，保障职业院校电类专业实践课程建设的有效运行。

（一）加强组织领导，协调落实部门职能与责任分工

课程建设管理是一个系统性工程，要加强组织领导，即统筹考虑项目各层次和各要素，追根溯源，统揽全局，在最高层次上寻求问题的解决方法，通过协调落实部门职能与责任分工，形成合力。首先，健全领导组织机构。课程建设有效实施需要健全学校及学院领导、教务处、教学质量监控与评估中心、信息平台控制中心等组织机构。其次，加强校院（系）联动。可以采取校 – 院（系）两级管理模式，逐级核准、逐级审批，分工如下：一是院（系）职责，制定院（系）课程建设规划及管理细则，具体实施课程建设的组织管理工作等；二是教务处职责，制定全校课程建设管理文件及建设规划，协助各院（系）进行相关课程建设的组织管理工作，对课程建设过程进行质量监督和评价。最后，落实责任形成合力。各部门有机联动、通力合作，各自承担起相应的职责。同时坚持依法管理，强化建设主体的自我管理机制，规范在线开放课程建设、应用、引进和对外推广的工作程序，确保课程建设管理各项工作责任有效落实，保证课程建设质量。

（二）加强制度建设，提升监督检查工作质量

制度具有指导性、约束性、规范性和程序性等特征，是职业院校开展课程建设的有力保障。完善的制度体系有助于课程建设管理人员更好地落实各项工作，促进课程建设质量的提升。所以，课程建设应加强制度建设，包括课程内容审查制度、教师考核评价制度、平台运营安全等相关制度。其中课程内容审查制度主要包括两方面。一方面，查看课程名称与教学内容是否契合，章节构成内容是否满足课程目标培养人才的需要，是否体现应用型。另一方面，查看课程内容的重难点是否清晰，是否与其他课程内容重复或冲突。教研室需将审核结果以书面形式反馈给教师本人，并请教师按照意见整改，整改结果经过集体听课等方式进行考查。制定教师教学能力考核评价制度也是保证课程质量一个重要的组成部分。可以通过教师自评、学生评价、同行评价以及教学督导评价结合的方式对教师的教学认知能力、新型教学模式的应用能力以及正确运用教学媒介的能力进行全方面多层次评价，确保及时发现并改进教师存在的教学问题和教学能力发展需求，保证课堂教学质量。此外，还需完善教学平台运营安全制度，强化教学过程的有效监管，对不良信息进行有效阻断，保障用户信息安全和平台稳定运行，提升监督检查工作质量。

（三）加强经费投入，激发课程建设活力

职业院校特别是新建本科院校，办学经费相对紧缺。要达成应用型人才培养目标，保障课程建设顺利、有效、高质量进行，对学校"硬"环境的要求必然较高，因此学校应加强经费投入及管理。具体措施如下：第一，建立教育教学经费优先投入的长效机制，经费投入应满足日常教学需求，确保教学质量不断提高，激发课程

建设活力；第二，严格经费管理与使用，公开经费投入和使用，合理分配经费；第三，完善经费管理制度，制定监管措施，加强资金管理；第四，完善经费使用的监督机制，学校要对经费使用进行有效监督，确保专款专用；第五，建立多元筹资机制，从政府、社会、院校三个方面入手完善相关机制，确保有足够的资金支持。

二、加强信息化平台建设，全面提高课程建设效率和现代化水平

信息化平台建设是学校教学工作有效开展的必要保障，建立信息化教学平台可以支撑现代化教学方法手段的使用，保障一系列教学改革的有效实现。信息化平台建设包括搭建网络学习平台、强化数字课程资源建设和实现优质教学资源共建共享。

（一）搭建网络学习平台

职业院校应发掘信息化教学优势，借力虚拟与现实融合的网络学习平台，丰富数字化教学资源，强化线上线下教学互动，坚持用数据管理、用数据创新，为混合教学模式改革提供技术支持。学校应出台教学空间建设与使用管理办法，鼓励教师人人进平台、建空间，引导课程做到建用结合、以用为主，实现学生的泛在学习，推动"翻转课堂""混合式学习"等模式的快速发展。

（二）强化数字课程资源建设

学院应出台在线开放课程建设实施方案，着力构建"校、省、国家"三级递进的在线开放课程资源体系。从项目课程标准、教学设计、微视频、教学案例库、实训项目库、考核题库等内容入手，分步引导教师、学生参与空间建设方案；通过季度检查、中期检查、专项检查和期终检查等方式全方位评估课程资源的建设情况。

（三）实现优质教学资源共建共享

职业院校应实施"请进来"和"走出去"战略，加强校企、校际合作，引育并举、共建共享，搭建内外结合的课程资源建设新框架，着力推动在线开放课程资源对外开放和共建共享。其中"请进来"指引入社会或其他院校的优质在线课程，参与优质课程市场化共享机制；"走出去"指推出受学生欢迎的优质课程，主动参与和融入校际开放课程体系建设。

第三章 OBE 教育理念下电类专业实践课程教学研究

第一节 实践教学现状与岗位能力需求调研分析

一、调研说明

（一）调研目的

一是为了解电类专业实践课程教学的现状及存在的问题。二是为了解电类专业毕业生在电子电工类企业可以从事的岗位、岗位的工作内容及能力需求。

（二）调研对象

选取了 A 职业院校 2018 级和 2019 级电子与信息技术专业的学生、该专业数字电路实训课程的任课教师以及在电子电工类企业对口岗位工作的历届毕业生；B 职业院校 2018 级和 2019 级电气技术应用专业的学生、该专业数字电路实训课程的任课教师以及在电子电工类企业对口岗位工作的历届毕业生。

通过 A 职业院校、B 职业院校，联系到与这两所学校保持就业合作关系的 C 科技有限公司、D 电气有限公司、E 技术有限公司、F 科技集团共 4 家电子电工类企业中负责聘用电类专业毕业生的相关管理人员，上述在岗的历届毕业生皆来自这 4 家企业。

（三）调研设计

1. 调研思路的设计

对电类专业在校生进行问卷调查，从在校生的角度了解职业院校当前数字电路实训教学的现状及存在的问题。

对数字电路实训课程的任课教师进行访谈调查，从任课教师的角度了解中职学校当前该实训中教师教学的现状及存在的问题。

对电子电工类企业中负责聘用电类专业毕业生的相关管理人员进行访谈调查，以了解该类毕业生在该类企业中可以从事的岗位与岗位的工作内容。

对在电子电工类企业对口岗位工作的电类专业毕业生进行问卷调查，从毕业生的角度了解职业院校当前数字电路实训教学的现状及存在的问题，并获得该类毕业生在该类企业对口岗位工作时的能力需求。

将从在校生、任课教师、毕业生三个方面得到的关于数字电路实训教学的现状及问题的调研结果进行汇总与归纳，并对问题进行原因分析。

将电类专业毕业生在电子电工类企业可以从事的岗位、岗位的工作内容及能力需求进行汇总与整理，并结合教学现状调研中师生的实际需求，从而为数字电路实训教学预期学习成果的界定打下基础。

2. 调查问卷与访谈提纲的设计

通过文献分析法，参考相关论文，并根据调研的目的与本研究的特点，对本次调研所用的调查问卷与访谈提纲进行了设计，设计的具体说明如下。

《数字电路实训课程在校生学习现状调查问卷》，该问卷主要从在校生对学校开设的数字电路实训课程与提供的学习资源的看法、学生对自己学习与教师教学的评价、学生对在线学习、小组合作式学习及引导文教学法等学习方式的态度等方面入手，进行了问题的设计。

《数字电路实训课程教师教学现状访谈提纲》，该提纲从当前数字电路实训课程的教学设计入手，围绕教学的目标、教学内容的设置、教学方法及评价方式的选择、平时课堂的学习氛围以及学生学习的状态等方面进行了问题的设计。

《电子电工类企业相关人力资源管理者访谈提纲》，该提纲围绕电类专业毕业生在电子电工类企业可以从事的岗位以及岗位的工作内容等方面进行了问题的设计。

《电类专业毕业生从业岗位能力需求调查问卷》，该问卷主要分为三个部分：首先，个人信息采集部分；其次，客观题作答部分，该部分采用了国际上针对较低层次工程技术教育学历互认而签订的《都柏林协议》中的 13 项职业能力与 12 项素质要求，从而设计了岗位能力需求选择等题；最后，主观题作答部分，以开放性问题的形式调查在岗毕业生对中职数字电路实训教学改进的意见与建议。

3. 调研方式

问卷调查。利用问卷星平台，将问卷制作成电子问卷的形式，发放给上述两所中职学校的在校生、在岗毕业生，并利用该平台具有的信息统计功能，对收回的有效问卷进行了后期的汇总与分析。

访谈。通过实地、微信、电话、邮箱等途径对上述 2 所学校数字电路实训课程的任课教师、上述 4 家电子电工类企业中负责聘用电类专业毕业生的相关管理人员进行了调查。

二、调研结果及分析

（一）实训教学现状分析

实训教学现状的调研结果主要从在校生、任课教师、在岗毕业生三个方面进行阐述。

1. 在校生方面

本次在校生问卷调查，共发放问卷 210 份，收回问卷 206 份，回收率约为 98.1%，其中有效问卷 204 份，有效率约为 97.1%。利用问卷星平台具有的信息统计功能，对收回的 204 份有效问卷进行了如下的汇总分析。

（1）学生对实训课程的兴趣及原因分析

由表 3-1、表 3-2 可知，有 78.43% 的学生对数字电路实训课程的学习兴趣较高，另外 21.57% 的学生对该课程的学习兴趣一般，其原因主要是他们认为实训课程存在教学内容枯燥、无学习目标以及教学实践少等问题导致。因此，数字电路实训教学改革应从这些方面进行改进，以提升学生对该实训课程的兴趣。

表 3-1　学生对数字电路实训课程的兴趣

选项	小计	占比 /%
非常感兴趣	96	47.06
感兴趣	64	31.37
兴趣一般	44	21.57
不感兴趣	0	0
非常不感兴趣	0	0

表 3-2　学生学习兴趣一般的原因

选项	小计	占比 /%
无学习目标	13	29.54
教学内容枯燥	19	43.18
教学方式死板	8	18.18
教学实践少	3	6.8
学习氛围差	1	2.3

（2）学生实训课程学习目标的清晰度及复习情况

通过表 3-3 可知，在当前的数字电路实训课程结束时，64.71% 的学生表示自己对该课程所学、所能够掌握的知识、技能、素养没有达到非常清楚的程度，且其中有将近三分之一的学生对这些内容的认知程度较低。"知其然知其所以然"，学生在课程结束时掌握了实训操作的步骤，但不知道为什么要这样操作，然而操作背后的原理至关重要，它关系学生职业技能中关键能力的形成，且中职学生本身知识基础较为薄弱，若不能很好地了解实训操作的原理，学生学会的也只是机械的模仿，致使他们严重缺乏创新能力，对他们未来的职业生涯发展极其不利。另外，由表 3-4 可知，53.43% 的学生在课下并不经常对实训课程学习过的知识和技能进行复习，甚至有 4.9% 的学生在课下根本就不会进行复习，这对于知识基础薄弱、接受能力参差不齐的他们而言极为不利，没有课后的及时复习，实训课上教师教得再好也达不到学习效果。这些问题的存在也为数字电路实训教学改革提供了思路。

表 3-3　学生对通过实训课程可以获得的知识、技能、素质的清晰程度

选项	小计	占比 /%
非常清楚	72	35.29
清楚	71	34.81
一般	56	27.45
不清楚	5	2.45
非常不清楚	0	0

表 3-4　学生课后的复习情况

选项	小计	占比 /%
经常	85	41.67
偶尔	109	53.43
不会	10	4.9

（3）学生对影响实训教学效果的看法与教师的教学反思情况

根据表 3-5 我们可以了解到，学生认为影响数字电路实训课程教学效果的因素主要有学生自己、教学方法以及教师，分别占被调查学生的 63.24%、50.49%、48.53%，因为教学是教师的教与学生的学双边互动的活动过程，所以中职数字电路实训课程的教学质量自然离不开教师的"双师型"素质、使用的教学方法以及学生的主观能动性，且学生的主观能动性是影响教学效果非常重要的因素。由表 3-6 可知，11.76% 的学生表示，教师从来没有搜集过他们对于数字电路实训教学的意见或建议，然而学生对自身学习需求最具有发言权，又由于他们知识基础薄弱、接受能力参差不齐的学习现状，教师若不能考虑大多数学生的学习反馈，这对实训教学质量的提升极为不利。

表 3-5　学生对影响实训教学效果因素的看法

选项	小计	占比 /%
教师	99	48.53
学生自己	129	63.24

选项	小计	占比 /%
教学方法	103	50.49
教材	56	27.45
多媒体应用	41	20.1

表 3-6　教师搜集学生对教学的意见或建议的情况

选项	小计	占比 /%
经常	89	43.63
偶尔	91	44.61
没有	24	11.76

（4）学生对在线学习、小组合作式学习、引导文教学法的态度

2020 年春季疫情延迟开学期间的在线教学让学生适应了通过电脑和手机进行自主学习，表 3-7 就体现了这一点，该表中 97.55% 的学生对通过电脑、手机进行自主学习的方式表示了认可，且其中 64.21% 的学生对这种方式表示喜欢与支持，这为将混合式教学引入中职学校实训教学改革之中，在学生主观能动性方面打下了一定的精神基础。而且随着社会科技的发展与人们生活水平的提高，目前中职学生基本实现了人手一部手机，这为中职学校将混合式教学引入实训教学改革之中，在学生学习条件方面打下了一定的物质基础。另外，表 3-8、表 3-9 表明 72.06% 的学生在实训课程中喜欢小组合作式的学习方式，且 78.92% 的学生表示自己接触过引导文教学，且对其存在一定的兴趣。最后结合表 3-7、表 3-8、表 3-9 我们可以得知，本研究基于 OBE 教育理念选择的"翻转课堂 + 引导文教学法"的混合式教学模式在目前中职学校的实训课程中运用，具有较高的可行性与可操作性。

表 3-7　学生对在线学习的态度

选项	小计	占比 /%
非常喜欢	75	36.76
喜欢	56	27.45
一般	68	33.34
不喜欢	4	1.96
非常不喜欢	1	0.49

表 3-8　学生对小组合作式学习的态度

选项	小计	占比 /%
非常喜欢	76	37.25
喜欢	71	34.81

选项	小计	占比 /%
一般	55	26.96
不喜欢	2	0.98
非常不喜欢	0	0

表 3-9　学生对引导文教学法的态度

选项	小计	占比 /%
接触过，非常感兴趣	72	35.29
接触过，兴趣一般	89	43.63
接触过，不感兴趣	18	8.82
没接触过，渴望了解	20	9.81
没接触过，不想了解	5	2.45

2. 任课教师方面

本次调研共访谈了 8 名数字电路实训课程的任课教师，对所获访谈记录进行汇总与整理，摘取出其中具有研究价值的访谈结果。发现当前中职数字电路实训教学设计中存在的问题如表 3-10 所示，以及实训教学中学生表现出来的问题如表 3-11 所示。

表 3-10　当前中职数字电路实训教学设计中存在的问题

教学方面	存在问题
教学目标	（1）仍以验证专业理论知识与掌握教材规定的实操技能为主，并没有很好地贴合对口企业关于学生知识、能力、素质等方面的实际需求，这不利于学生就业竞争力的形成； （2）实训中的实操要求也未能与职业岗位的从业标准相统一，导致学生通过实训所掌握的技能缺乏企业标准化，同样不利于学生就业竞争力的形成
教学内容	（1）仍按照教材所编，以单独的实训项目为主，各项目之间所包含的知识点零散、不成体系，不利于学生知识框架的建立； （2）中职学生知识基础、接受能力参差不齐，同一实训内容会导致有的学生"吃不了"，有的学生"吃不饱"的现状，而当前实训课程的授课教师心有余力，无法解决，这不利于学生各尽其才培养目标的实现
教学方法	（1）仍以"教师示范、学生模仿"为主，学生只会模仿，脱离教师并不能独立完成实操，且学生通常为单独进行实操，并未形成小组合作的学习模式，这不利于学生关键能力的养成； （2）一般实训课堂中学生人数较多，教师精力有限，又因课时的限制，使得教师无法解决每一个学生在实训学习过程中产生的疑问与困惑，这不利于学生的职业技能成长

续表

教学方面	存在问题
教学评价	（1）仍以终结性考核为主，忽视学生学习过程中的具体表现与成长，这不利于学生综合素质的提升； （2）忽视职业院校学生的学情差异，以同一把"尺子"去衡量所有学生，对学生不公平，容易让知识基础较差的学生产生学习的抵触心理，造成学生学习效果两极分化的现象，这不利于中职数字电路实训教学质量的根本改善

表 3-11　当前中职数字电路实训教学中学生表现出来的问题

序号	问题
1	学生对于数字电路的设计经常没有思路，布置任务之后不知所措
2	与学生的实践动手能力相比，学生的数字电路基础理论知识不扎实，尤其是学生对数字电路原理的分析与理解能力最为缺乏
3	学生实训过程中缺乏解决问题的能力，尤其是学生对数字电路故障的分析与排除能力最为缺乏
4	学生的团队合作意识淡薄，有些学生喜欢表现自我，甚至有时会影响其他同学的学习
5	学生在实训中创新思维能力不足
问题总结	学生问题总结：学生在数字电路实训课程中的理论知识薄弱，缺乏实训任务分析与设计的能力、发现问题与解决问题的能力、团队合作意识、创新思维能力。

3. 在岗毕业生方面

本次在岗毕业生问卷调查，共发放问卷 100 份，收回问卷 100 份，回收率为 100%，其中有效问卷 98 份，有效率为 98%。我们将问卷中设置的关于在岗毕业生对数字电路实训教学改进意见与建议开放性问题的答案进行了汇总与整理，提取其中具有研究价值的信息，得到如表 3-12 所示的内容。

表 3-12　在岗毕业生对数字电路实训教学的改进意见与建议

序号	意见与建议
1	跟随时代
2	希望反复讲解
3	多引进企业先进技术
4	多进行接线讲解
5	多教一些实质性的东西
6	希望上课不要那么乏味
7	根据社会需要提供实训项目
8	多采用小组讨论的上课形式
9	多进行实践活动，多让学生动手操作
10	仔细讲解实训所学知识可以实现的功能以及能用在什么地方
11	增加实训课的课时，学习更多的操作方法和专业技能知识

序号	意见与建议
12	学校应加大力度去做实训，多找一些专业课教师培训实训知识
13	学校所讲的数字电路知识和现在相比已经太落后了，希望可以接受全新的知识
14	多讲解一些有关电路原理、元件的注意事项与使用方法以及各元件的功能等方面的知识，且多加入一些贴近生活和工作的实训内容
15	学校一般的知识都可以用到，但实际工作中要操作企业中的设备并使其正常运转，还需要了解企业中的设备，我觉得应多去企业实践
意见与建议总结	增加实训课程的课时，让学生提升动手实践能力，且实训要与企业职业标准对接、与企业生产过程对接

4.问题归纳及原因分析

1）问题归纳

通过分析在校生、任课教师、在岗毕业生的调研结果，可以得出目前数字电路实训教学存在的问题主要集中在学生、教师、学校三个方面。

（1）学生的问题

实训教学前，学生对实训的学习目标不清晰以及对实训内容的价值与意义不明白；实训教学中，学生的理论知识基础薄弱，缺乏实训任务分析与设计的能力、发现问题与解决问题的能力、团队合作意识、创新思维能力；实训教学后，学生的学习主动性不强，对学习过的实训内容不会经常复习。因此导致实训教学中学生不知道学习的侧重点在哪里，也不明白学的东西有什么用，又因自身知识与能力存在许多方面的不足，且课后的努力程度不够，最终使实训教学的效果大打折扣。

（2）教师的问题

教师教学能力存在不足，主要体现在教学设计上。首先，教学目标定位上，依旧以教学大纲为准，未能与企业岗位职业标准、实际生产过程对接，不利于学生就业竞争力的形成。其次，教学内容枯燥，未能调动学生的学习积极性，导致不少学生对数字电路不感兴趣。再次，教学方法与评价方式单一、落后，未能根据实训内容的特点选择合适的教学方法，且忽视中职学生的学情差异，将终结性评价作为学生实训学习成绩的主要评价方式，以同一把"尺子"去丈量所有学生，会导致部分基础较差、接受能力差的学生对实训课程产生抵制心理。最后，教师教学反思存在问题，未能兼顾全体学生的学习意愿与反馈，若教学反思只考虑部分学生的学习需求，那么对于实训教学质量的提升自然是不利的。另外，教师本身的素质还有待提升，作为实践性较强的数字电路实训课程，教师须具备既可以教授专业理论知识，又可以传授企业最新操作技能的"双师型"素质，才可以保障实训课程的培养效果更贴合企业的需求。

（3）学校的问题

首先，学校实训室的设备、场地落后于企业，在这种环境下学习，导致学生毕业时因为技能落后仍需企业对他们进行培训，从而削弱了学生的就业竞争力。其次，学校对于数字电路实训课程的课时安排不足，通过毕业生反馈可知，在实际工作过程中，他们的实践动手能力存在欠缺，是因为在校学习期间未能得到充分的实践操作锻炼。最后，学校对于学生的实习实践活动时间安排不足，学生在学校实训室里掌握的知识与技能是难以完全胜任企业岗位工作的，而企业实习实践的开展可以让学生获得在学校实训室里得不到的技能与素养，但目前学校的实习实践活动时间安排不足，同样削弱了学生的就业竞争力。

2）原因分析

（1）学生方面

首先，中职学生知识基础较差、接受能力参差不齐。中职学校的生源质量远不及普通高中，许多学生是因为成绩达不到普通高中的入学标准而被迫选择了中职学校，这些学生中，有的是因为偏科严重，有少数几门课程的成绩还可以，而有的却是每门功课都较差。有一定知识基础的学生学习新知识时，接受能力自然就强一些，反之就会差一些，这就导致学生之间的接受能力有着一定的差距。其次，中职学生学习目标不明确、学习动机不强。多数中职学生来到中职学校，是因为家长的要求或强迫，并不是自己主动选择中职学校的，他们对自己的学习和生活毫无目标和计划，总是抱着"三天打鱼，两天晒网"的心态，学习散漫、随意、没有针对性，而且他们的学习动机不足，主要以外部动机为主，畏难心理重，一旦遇到困难便会选择放弃，从而失去提升自己的机会。最后,中职学生的学习方法不当；学习习惯不良。中职学生当中也有一部分人学习很努力、很认真，但他们始终处于一种努力与付出得不到应有回报的状态，一方面是因为他们学习方法不当；另一方面是因为他们没有良好的学习习惯，导致学习效率不高，自我效能感很低，这让他们逐渐变得自暴自弃，失去了对学习的兴趣与毅力。

（2）教师方面

首先，教师的教学理念落后。多数教师教学仍采用传统教学中"教师讲、学生学"的教学模式，"灌输式""车厢式"教学在实际课堂中色彩较重，而且教龄较大的老教师"守旧"思想较重，不会主动参加关于教学新理念与新思想的培训，即便参加，后期实际教学中并不一定会将新理念、新思想引入自己的课堂，导致教学效果一成不变，始终无法得到提升。其次，教师的教学投入不足。一些教师因为中职学生的学习态度不佳、知识基础薄弱的问题，对教学不重视，存在备课与教学不认真的工作态度，又因为职业倦怠或者教育管理体制不健全等问题，让他们无法自省，导致其对待教学越发不重视，并不会因为学生学习需求的变化而对教学进行反思与改进，仍采用一贯的教学方法与评价手段，使得学生对课堂学习的兴趣逐渐降低。最后，教师的职教素质不高。学校的教师多半来源于普通师范专业或者纯文科、理工科专业的毕业生，在工作前并没有接触过职业教育，他们受到普通教育学科导向的影响较重，始终将课本作为教学的主要学习材料，对中职学校人才培养的本质了解得并不深入，而且自身也缺乏企业实践经验，对教学内容的选择只能围绕学校指定的教材进行。

（3）学校方面

首先，学校人才培养方案不合理。人才培养方案决定了学生在校学习的课程安排以及学生在校学习与企业实习的计划，而毕业生反馈的实训课程与企业实习课时不足的问题，就体现在人才培养方案的制定上。其次，学校实训室设备落后，尽管教学工具并不是决定教学质量的根本因素，但它却是直接影响教学目标是否能达成的重要因素，教学设备、实训环境落后，必然导致教师有心无力，无法让学生掌握企业最新的工作内容。最后，学校对教师的企业培训不重视，教师的"双师型"素质是可以在后期通过企业实践或者企业培训来获得的，学校一味将新入职教师作为"双师型"师资的主要来源，而忽视对已有教师的企业培训，这样后期会让新教师的"双师型"素质逐渐减弱，慢慢向着企业经验落后型教师靠拢，导致学校"双师型"师资"血液"中缺少了"自我造血"的功能。

（二）企业岗位及能力需求分析

1. 企业岗位分析

本次调研共访谈了 7 名企业中负责聘用电类专业毕业生的相关管理人员，将访谈所获资料进行汇总与整理，得到这 4 家电子电工类企业为该类毕业生提供的岗位及其实际的工作内容，如表 3-13 所示。

表 3-13　电子电工类企业提供的岗位及其实际工作内容

岗位名称	工作内容
电子焊接工	在生产操作室，识别元器件，按照生产图纸在电路板上焊接生产要求的贴片、芯片以及插件等
组装操作工	在生产流水线车间，根据图纸对电子电器部分组件进行组装与拼接，这类工种较多，包括 fog 贴装工、cell 贴装工、电子盖板工等
外观检查员	在生产流水线车间，对照电子电器各部分组件或整体的样品及说明，对产品组件或产品整体的外观进行检查与报备，例如 LED 屏幕外观检查员等
质量检测员	按照电子电器产品质量检测标准，对采购原料、生产部件以及日常入仓的电子电器货品进行检测与质量统计，例如 fog 点灯检验技术员、电子切割复判员等
原料管控员	依照制定的产品生产供应计划，对所负责供应的元器件、芯片、贴片等电子原料的库存、在制、呆滞物料的调配和供需进行管控

续表

岗位名称	工作内容
设备操作员	在生产车间，日常负责所操作电子设备的精度调试、洁净保养、维护及问题报备，例如仪器精度操作员等
电子技术员	对车间新购设备进行组装与调试、对现有设备进行日常维护及故障检修，保障车间电气设备的良好运转、生产的改善与跟进

2. 能力需求分析

职业岗位能力需求调查人员与实训教学现状调查的毕业生为同一批调研对象，皆为从 A 职业院校、B 职业院校毕业并在表 3-13 岗位中工作的人员。同样利用问卷星平台具有的信息统计功能，对收回的 98 份有效问卷进行汇总与分析，在岗毕业生认为从事表 3-13 中岗位最应具备的 10 项（≥ 70%）能力需求进行提炼，提炼结果如表 3-14 所示。

表 3-14　对口岗位最应具备的 10 项能力需求

能力需求内容	调查所占比例 /%
具备专业操作技能	84.69
具备专业理论知识	83.67
具备思想品德修养	81.63
具备文化知识素养	80.61
严谨的工作态度	77.55
服从意识	76.53
吃苦耐劳精神	75.51
自我管理能力	73.47
工作责任意识	71.43
团队协作、沟通能力	71.43

三、调研小结

通过对在校生、任课教师、在岗毕业生的调研结果分析，我们发现当前中职数字电路实训教学存在的问题主要有：①学生实训学习目标不明确，理论知识基础较为薄弱，缺乏实训创新设计、团队合作意识等能力与素质，且学习主动性不强；②教师实训教学设计中教学目标、教学内容、教学方法、教学评价及反思等存在问题，且教师的职教素质有待提升；③学校实训课时安排不足，实训设备较为落后，忽视教师的企业技能培训等。这些问题突显当前数字电路实训教学迫切需要朝着满足学生实际需求、贴合企业职业标准与生产过程的方向进行改革，因此，利用 OBE 教育理念来实现这种改革就变得刻不容缓与至关重要。另外，通过调研，我们也获得了师生对于实训教学的需求反馈及电类专业毕业生在电子电工类企业可以从事的对口岗位及这些岗位需要的职业能力，这就为基于 OBE 教育理念进行电类专业实践课程教学改革做了较为充分的前期准备。

第二节　OBE 教育理念下电类专业实践课程教学设计

一、参考教材分析

本次综合实训教学设计所参考教材来源于被调查中职学校的现行课本，为张龙兴主编、高等教育出版社出版的《电子技术基础（第二版）》。该书是电类专业系列教材之一，属教育部规划范畴，全书分为两篇，第一篇为模拟电子技术，第二篇为数字电子技术。该书既可以作为电类专业教材，也可以供相关企业岗位培训采用和学生自学使用。

二、学生学情分析

本次实训教学设计面向电类专业二年级的学生，这个阶段的学生在上一学年通过"电子技术基础"课程的系统学习，对数字电路理论知识已经熟悉，且有多次实训操作的经验，这为本次数字电路实训教学设计打下了一定的基础。通过前期调研可知，这类中职学生具有较强的逻辑思维能力，属于抽象感知者，善于观察分析，有较强的实践操作能力，但数字电路理论知识不扎实、缺乏实训任务分析与设计的能力、发现问题与解决问题的能力、团队合作的意识、创新思维的能力，且部分学生学习动机不强、自我效能感较低，对数字电路的实训操作存在畏难情绪。

三、实训教学设计

针对当前中职数字电路实训教学中存在的问题，根据调研所得的企业、师生等教育利益相关者的实际需求，利用 OBE 教育理念，以"定义预期学习成果、实现预期学习成果、评估预期学习成果与持续改进"为思路主线，以"清楚聚焦、高度期许、反向设计、扩展机会"为实施原则，从确定教学目标、构建教学内容、选择教学方法、开展教学评价以及改进教学反思五个方面将中职数字电路实训教学设计成一个闭环系统，进而改变该实训教学的现状并提升教学的质量。

（一）确定实训教学目标

为解决当前实训教学中教学目标设置不合理，不利于学生就业竞争力形成的问题，基于 OBE 教育理念，根据其清楚聚焦、反向设计的实施原则，对教学目标进行确定。将调研所得的企业、师生等教育利益相关者关于实训教学中学生最应具备的学习成果进行汇总，即将电类专业毕业生在电子电工类企业的对口岗位上工作时需具备的职业能力、师生调研结果反映的学生实训教学前后缺乏的关键能力进行归纳，从而界定出数字电路实训教学的预期学习成果，再利用布鲁姆教育目标分类理论中关于认知、技能、情感领域的定义及其给定的行为动词，将界定的预期学习成果分成知识、能力、素质三个层次的内容，并细化为具体可测的教学目标。实训预期学习成果的界定与细化的过程及结果如表 3-15 所示，表中以学生为第一人称进行了教学目标的阐述。

表 3-15　实训预期学习成果的界定与细化

分类层次	预期学习成果	教学目标
知识	专业理论知识	知道基本逻辑门电路和集成逻辑门电路的定义、联系及具体应用；能写出不同数制之间的相互转化、常用编码及掌握基本的逻辑运算；理解译码器、显示器等组合逻辑电路的结构、工作原理并熟悉其实际应用；掌握基本 RS 触发器和常见集成触发器的工作特点及具体应用；理解计数器、寄存器等时序逻辑电路的结构、工作原理并熟悉其实际应用；掌握单稳态触发器、多谐振荡器等的工作特点及具体应用；熟悉 555 定时器的结构特点、工作过程及实际应用
能力	专业操作技能	学会运用数字电路相关理论知识，对电路图进行分析；依据已有芯片的特点，实现具体功能需求电路的扩展；可以使用示波器测试并调试所给时序逻辑电路的相关参数及波形；按照实际需求，可以独立制定满足需求的数字电路设计方案以及实现相应的软件仿真；根据电路图，可以无误且熟练地完成数字电路的搭接；面对存在故障的数字电路，可以使用数字万用表或示波器等工具进行检修与调试
	任务分析、策划、决策能力	按照任务内容，能够利用所学的数字电路理论知识，进行任务需求分析、数字电路设计方案的策划、正确逻辑门电路及集成芯片等电路模块的选择与电路的搭接实现
	发现问题、解决问题能力	在数字电路理论学习的过程中以及面对数字电路实操无法实现预期要求时，可以利用已有的知识或工具进行问题的发现、分析与解决
	团队协作与沟通能力	面对复杂实训任务时，能够学会主动与他人协商合作与分工完成，或遇到问题时能够与他人进行交流与研讨
	自我管理能力	在给定时间内完成一定工作量的实训任务时，学会自我时间管理、自我情绪管理等
	自主学习能力	在理论学习内容或实操任务内容难度超越自身掌握知识范围时，学会不断主动利用空闲时间进行学习
	创新能力	在实训拓展延伸方面，能够灵活解答并将解答运用于实际电路的设计，进而在解决已有电路功能不足问题的同时，提升创新思维能力

续表

分类层次	预期学习成果	教学目标
素质	思想品德修养	在完成实训任务的过程中，学习新时代工匠精神，从而树立职业操守与为人准则等优良品德
	文化知识素养	通过实训报告的撰写，强化自身文化知识素养
	严谨工作态度	在完成实训任务后，学会反思，改正失误与操作不规范等行为，形成严谨的工作态度
	服从意识	在实训操作前后，严格遵守实训室的安全生产要求，认真听取教师的实训指令，保证有条不紊地完成实训任务，从而建立服从意识
	吃苦耐劳精神	在实训操作过程中，遇到电路故障或者错误，不畏困难，耐心分析，从头到尾反复检查，形成吃苦耐劳精神
素质	工作责任意识	在与他人合作分工完成实训任务的过程中，学会主动承担自身工作的责任与义务，从而形成工作责任意识

（二）构建实训教学内容

为解决当前实训教学内容枯燥，不能调动学生的学习积极性，各实训项目之间所包含的知识点零散，不利于学生知识框架的建立，学校实训课程课时不足的问题。基于 OBE 教育理念，根据其清楚聚焦、高度期许、反向设计、扩展机会的实施原则，对教学内容进行构建。因为数字电路主要由组合逻辑电路与时序逻辑电路两部分构成，所以根据教学目标，将数字电路实训课程构建成"基础型 – 提高型 – 设计型"这种从易到难逐级递升性质的"组合逻辑电路综合实训"与"时序逻辑电路综合实训"两个阶段的教学内容。其中基础型实训环节是为培养学生数字电路理论知识的应用能力，难度最低；提高型实训环节是为培养学生数字电路的逻辑思维能力，难度稍高；设计型实训环节是为培养学生数字电路的创新设计能力，它是前两类实训的综合应用，难度最高。这种以教学目标为导向，构建知识点相互衔接且具有实际意义的教学内容，能够帮助学生建立数字电路的知识框架，逐渐提升学生数字电路实操的综合能力，并可以让学生在有限的在校时间内学习到其最关键、最有价值的东西。

其中，"组合逻辑电路综合实训"是将教材中逻辑门电路、数字逻辑基础、组合逻辑电路这三个章节的内容构建成"二人抢答器"（基础型）"4 线 –16 线译码器"（提高型）"三人投票表决器"（设计型）三个实训项目。另外，"时序逻辑电路综合实训"是将教材中集成触发器、时序逻辑电路、脉冲波形的产生和整形电路这三个章节的内容构建成"触摸延时灯"（基础型）、"动态显示电路"（提高型）、"电子圣诞树"（提高型）、"电子秒表"（设计型）四个实训项目。

（三）选择实训教学方法

为解决当前实训教学方法落后，不利于学生关键能力养成的问题。基于 OBE 教育理念，根据其清晰聚焦、高度期许、反向设计、扩展机会的实施原则，选择了"翻转课堂＋引导文"的混合式教学模式，选择的原因如下。

首先，翻转课堂教学模式与 OBE 教育理念的以学生为中心、满足学生的个性化学习需求、注重学生关键能力的培养、关注学生的个性化评定，在这些方面上有利于 OBE 教育理念的落实，但该教学模式存在学生课前自主学习时学习目标不明确、抓不住学习的侧重点、自主利用信息技术进行学习的能力不强等问题。

其次，引导文教学法与 OBE 教育理念的以预期学习成果为导向、以学生为中心、注重学生关键能力的培养、关注学生的个性化评定、相信每一个学生都可以学习成功，在这些方面上有利于 OBE 教育理念的落实，但该教学法存在课程中学生知识掌握程度不同的问题。对于同一引导文中呈现难度一致的实训项目，知识基础和接受能力相对薄弱的学生需要教师花费大量的时间帮助他们弥补这方面的不足，而知识基础与接受能力相对好的同学则节省了这些时间，导致一堂课学生实训项目完成进度不一，在课程结束时，有的学生按要求完整地完成了实训项目，但有的学生进度慢，为了应付教师，草草了事，从而影响教学整体效果。

最后，将翻转课堂教学模式与引导文教学法相结合，可以起到弥补各自的不足、使二者的优势进行互补的作用。该作用具体体现为：①学生课前通过引导文中学习目标与引导性问题的指引，能够明确学习的目标，知道学完这些知识能够做什么，并对教师发布的学习资源可以有侧重地进行学习；②通过引导文中信息检索内容的引导，能够提升学生利用信息技术搜集、处理、加工资料的能力；③学生在课前还可以实现学习个性化，根据自身学习状况进行有针对性的学习，从而使学生在实训课堂中的知识基础接近同一水平，这样就节省了教师教学辅导的时间，将这些时间充分运用于实训项目的实施，以保证学生在实训课程结束时项目的完成进度一致，达到了保障课堂教学质量的效果；④课后学生通过在线学习可以对实训内容进行及时复习，巩固了知识的掌握，教师也可以通过在线课堂给未完全掌握知识和技能的同学进行查漏补缺，给学有余力的同学进行实训扩展，从而让每个学生都可以"学得了，学得好"。另外，通过前期调研可知，无论是在线学习的适应度方面，还是在线学习的学习条件方面，目前中职学校的学生在精神与物质上已经满足混合式教学的要求。因此，这样的"翻转课堂＋引导文"混合教学模式更有利于基于 OBE 教育理念设计的教学目标与教学内容的落实，能够实现 OBE 教育理念与混合式教学"1+1>2"的教学效果。

本节基于 OBE 教育理念选择的"翻转课堂＋引导文"的混合式教学模式，将实训教学分为课前线上学习、课中线下练习、课后线上复习三个教学阶段，各阶段的具体说明如下。

1. 课前线上学习阶段

教师课前根据教学目标设计实训所用的引导文，将实训项目中所包含的数字电路理论知识及实训项目的说明与讲解以微课的形式进行录制，把微课中的重难点知识穿插在随堂小测之中，小测题目的难易程度要考虑学生的学情，并将有利于学生学习与养成工匠精神等思想品德的相关文档与视频汇总成资料包。通过在线学习软件发布给学生。学生则利用课前的空余时间进行在线学习，直到学会弄懂，并将学习过程中产生的疑问记录下来，带到线下的课堂中去解决。在此过程中，教师根据在线学习软件后台提供的学生学习进度反馈，督促学生按时认真完成课前的学习任务。

2. 课中线下练习阶段

首先，在实训操作前，教师根据实训项目的复杂程度，将学生分成若干组，并指派小组长，让学生在限定时间内将课前学习中产生的疑问与小组成员讨论解决，解决不了的向教师请教，教师在解决学生问题时，归纳学生课前问题的共性，之后，通过课堂讲授法的形式向全体学生解答，以解决学生的普遍难题。紧接着，教师带领学生阅读实训项目的引导文，让学生再一次熟悉实训的学习目标，并让学生独立思考引导文中的引导性问题，制定引导文中实训项目的工作计划后，小组合作讨论与汇总，随后再与教师讨论问题答案的对错与计划的合理性。其次，在实训操作过程中，学生以小组合作的形式，在引导文的协助下进行本次实训操作，操作时，小组长与组内成员互相监督，教师巡视各小组实训情况，在必要时给予学生帮助。再次，在实训操作后，每一位学生与教师一同根据引导文中的工作情况检查表与学习评价表，进行自评、互评、师评，并计算评分总成绩，以帮助教师了解教学目标的达成情况。最后，在实训课程结束前，教师询问学生实操过程中还有哪些问题未得到解决，再有针对性地帮助学生解决实训遗留问题。之后师生共同对实训课程进行回顾与总结。

3. 课后线上复习阶段

首先，教师根据学生课前学习产生的疑问、实操过程中出现的问题，以文档的形式进行归纳解答，并针对实训项目为学生安排实训拓展题目，该题目分为必做与选做两部分，同样通过在线学习软件，将这些学习资料发布给学生。学生则在课后利用在线学习软件进行复习与完成拓展。接着，教师在线批改学生拓展题目的解答，并开放在线交流平台，让学生在课下随时随地与教师进行交流，以便进一步解决学生实训的遗留问题。最后，完成课后线上复习任务之后，学生便可认真撰写实训报告并定期上交。

（四）开展实训教学评价

为解决当前实训教学评价单一、落后，忽视学生学习过程中的具体表现与成长，不利于学生综合素质提升的问题。基于 OBE 教育理念，根据其清晰聚焦的实施原则，开展了过程性与终结性相结合的教学评价，且在过程性评价之中体现了多元的特点。该教学评价的开展说明如下。

对于学生的过程性评价，通过课前、课中、课后三个方面进行。首先，在课前，通过在线学习软件的后台将学生课前引导文阅读状态、微课视频观看进度、随堂小测的正确率、资料包学习情况等学习数据导出，将这些综合作为一项评分内容；其次，在课中，通过教师观察、小组长反馈以及组员之间的相互监督，获得学生平时的课前疑问提出次数、小组讨论及合作实操表现等情况，再结合学生平时课堂的出勤与纪律遵守情况及每一个实训项目所用引导文中学生自评、互评、师评的多元评价表中的成绩，将这些综合作为一项评分内容；再次，在课后，同样通过在线学习软件的后台将学生课后解答文档复习情况的数据导出，并参考学生平时拓展题目的解答情况、课后师生交流情况以及实训报告书写情况，将这些综合作为一项评分内容。最后，将上述三项评分内容汇总，分别赋予一定的分值占比，以不同权重加权计算学生过程性评价的分数。

对于学生的终结性评价，分为纸质答题考核与项目实操考核两个环节进行。其中，纸质答题考核内容为平时实训项目的重要理论知识、实操的关键事项以及新的拓展题目等，用以考查学生的实训理论基础、实训隐性知识及实训拓展思维能力等。另外，项目实操考核即为抽选一个平时实训课程中做过的项目，仅有参数等略微差异，用以考查学生平时所学以及重要实训技能的掌握。这两个环节的考核在所有实训项目结束之后进行，同样赋予一定的分值占比，以不同权重加权计算学生的终结性评价的分数。

在终结性评价结束后，将过程性评价分数与终结性评价分数再以不同权重进行加权计算，从而得出学生实训课程学习的最终分数。

（五）改进实训教学反思

为解决当前实训教学中师资素质、实训设备、课时与实习安排存在的不足，以及因传统实训教学反思无法对这些不足进行弥补的问题。基于 OBE 教育理念，根据其清晰聚焦、反向设计的实施原则，构建一种具有持续改进功能的教学反思闭环系统，该系统在传统教学反思具备的监督、调控功能的基础上，增加了改进功能，即该反思系统利用监督功能发现实训教学存在的偏差，再利用调控功能纠正这些偏差，最后利用改进功能剖析产生这些偏差的原因，并对系统进行改进，这三个功能是相互贯通，互为输入和输出的关系。具体操作分为外循环、内循环、成果循环三个环节。首先，外循环是根据企业、师生等教育利益相关者的最新需求对界定的预期学习成果的现实性与科学性进行持续反思与改进，以保障预期学习成果始终与内、外部实际需求相符合；其次，内循环是根据预期学习成果对细化的教学目标的符合度进行持续反思与改进，以保障教学目标始终与预期学习成果相符合；最后，成果循环是根据教学目标对教学活动的达成度进行持续反思与改进，以保障教学活动始终与教学目标相符合。其中，教学活动包括教学方法、教学评价、师资素质、实训设备以及实训课时与实习安排等。以该持续改进的教学反思闭环系统来保障基于 OBE 教育理念设计的中职数字电路综合实训教学的现实性与科学性，并为高质量的实训教学保驾护航。

第三节　OBE 教育理念下电类专业综合教学实践

一、实践内容选择

为探究基于 OBE 教育理念设计的中职数字电路综合实训教学新模式的效果，并清晰体现本实训教学新模式的特点，从前期根据 OBE 教育理念设计的两个综合实训项目中，选择"组合逻辑电路综合实训"作为本次教学实践的实训内容。其中"二人抢答器"（基础型）实训项目可以培养学生 74LS20 与非门的基本应用能力，"4 线—16 线译码器"（提高型）实训项目可以培养学生 74LS138 译码器的扩展思维能力，"三人投票表决器"（设计型）实训项目可以培养学生数字电路的创新设计能力，并巩固前两次实训所学。经过该综合实训的学习可以让学生获得组合逻辑电路分析与设计的相关知识、能力及素质。

二、实践对象确定

本次实践教学选取了 A 职业院校 2019 级电子与信息技术专业的两个平行班级，两班人数皆为 46 人。通过了解，两班学生在上一学年已经系统学习过"电子技术基础"课程，也有多次数字电路实训操作的经验，但对于本次"组合逻辑电路综合实训"中的三个实训项目并未接触过，因此本次实训内容对于该校 2019 级电子与信息技术专业两个班的学生而言，在他们的能力接受范围之内，同时又具有一定的难度，符合其最近发展区的要求。为进一步控制教育实验的无关变量，根据实训参考教材编制了数字电路基础知识摸底测试卷，试卷题目的难易度经过该校任课教师的审查，认为适合两班学生的知识基础。之后通过该测试卷对两个班级学生的数字电路知识进行摸底检测，根据检测的成绩，以正态分布为原则，从两班中各抽选 30 名学生，并将抽选学生的成绩导入 SPSS21 软件中，进行独立样本 t 检验，该检验的结果如表 3–16 所示。

表 3-16　1 班与 2 班抽选的 30 名学生摸底成绩差异分析

	班级	N	均值	标准差	t	p
成绩	1 班	30	61.28	16.229	0.163	0.732
	2 班	30	60.97	14.515		

　　表 3-16 的检验结果表明，t=0.163，p=0.732>0.05。因此，从 1 班与 2 班中各抽选的 30 名学生的摸底检测成绩无显著性差异，具有统计学意义，这些学生可以作为本次实践教学的研究对象。随后随机将 2 班的 30 名学生作为实验班成员，将 1 班的 30 学生作为对照班成员。把基于 OBE 教育理念设计的中职数字电路综合实训教学新模式运用于实验班，对照班则仍沿用中职学校现行的数字电路实训教学传统模式，两个班具体的实训项目与教学方法不同，但教授的知识点一致。

三、实践资源介绍

（一）引导文

　　本次教学实践中三个实训项目所使用的引导文都包含：①任务描述；②学习目标；③信息资料；④引导性问题；⑤工作计划表；⑥工作情况检查表；⑦学习评价表，共七个部分的内容。另外，为进一步解决当前实训教学中的实践操作要求未能与职业岗位的从业标准相统一、实训操作训练缺乏标准性的问题，还将中职电子技能大赛中的评价准则迁移应用到本次实践所用引导文的工作情况检查表能力与素质评价模块之中，迁移应用得到的成果如表 3-17 所示。

表 3-17　实践所用引导文中工作情况检查表的部分内容设计

目标体现	检查项目	评价标准
能力	电路调试与测量	不能正确使用常用电子测量仪器、仪表对电路有关参数进行调试与测试的扣 x 分
	电路故障检修	若电路出现故障，不能够对电路的故障进行正确检修的扣 x 分
素质	安全意识	实训过程出现不符合《实验室安全手册》的行为扣 x 分，若实训前未进行用电防护措施的再扣 x 分
	现场管理	实训过程中出现仪器仪表及工具摆放杂乱扣 x 分；实训过程中不遵守课堂纪律扣 x 分；实训结束未及时整理现场扣 x 分
	操作规范	实训过程中出现设备违规操作，工具使用不规范的行为扣 x 分；实训过程中出现不爱惜实训室仪器仪表与设备的行为扣 x 分
	更换模块、元器件情况	实训中因安装不仔细，导致操作过程中的模块或元器件更换扣 x 分，若导致模块和设备烧坏情况发生，再扣 x 分

（二）微课

本次教学实践中的微课，采用录屏的方式分别将三个实训项目中所要用到的重要理论知识、实训项目的说明与讲解作为学习内容进行录制。

（三）资料包

本次教学实践给学生发放的资料包，分为必学与选学两个部分。必学部分为《实验室安全手册》文档、《74LS 系列门电路芯片手册》文档以及为提高学生数字电路学习兴趣、培养学生工匠精神的系列短片，该部分是数字电路实训教学不可或缺的内容，有利于学生综合能力的培养。选学部分为《面包板的使用教程》视频、《数字万用表的使用教程》视频，该部分是为基础不牢靠的学生进行查漏补缺而设置的。

（四）在线学习软件

本次教学实践采用云班课在线学习软件，选择该软件的优势如图 3-1 所示。

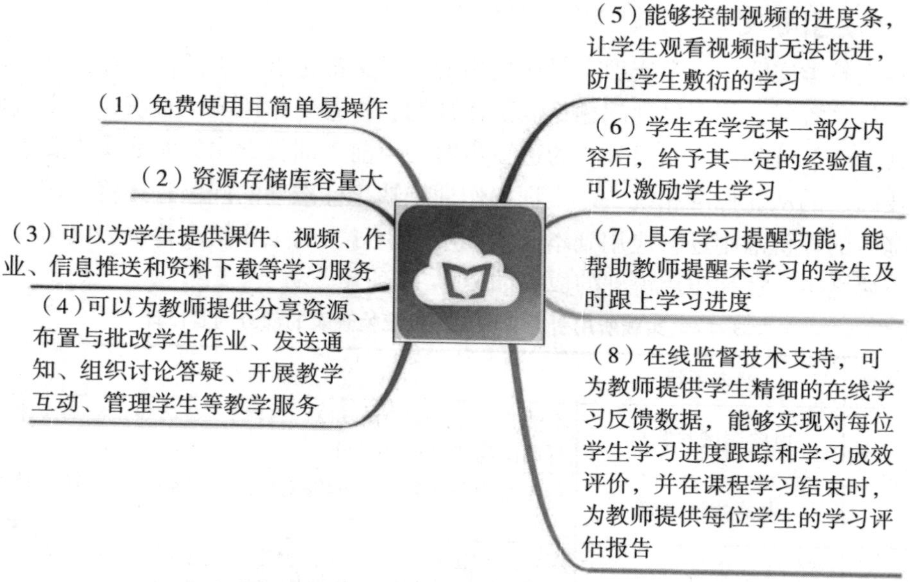

（1）免费使用且简单易操作

（2）资源存储库容量大

（3）可以为学生提供课件、视频、作业、信息推送和资料下载等学习服务

（4）可以为教师提供分享资源、布置与批改学生作业、发送通知、组织讨论答疑、开展教学互动、管理学生等教学服务

（5）能够控制视频的进度条，让学生观看视频时无法快进，防止学生敷衍的学习

（6）学生在学完某一部分内容后，给予其一定的经验值，可以激励学生学习

（7）具有学习提醒功能，能帮助教师提醒未学习的学生及时跟上学习进度

（8）在线监督技术支持，可为教师提供学生精细的在线学习反馈数据，能够实现对每位学生学习进度跟踪和学习成效评价，并在课程学习结束时，为教师提供每位学生的学习评估报告

图 3-1　云班课在线学习软件具有的优势

四、实践过程说明

为说明基于 OBE 教育理念的"翻转课堂＋引导文"混合式教学模式在中职数字电路综合实训中的设计思路及具体应用，选择"组合逻辑电路综合实训"中"4线 -16 线译码器"实训项目作为本次实践的教学设计案例。

（一）课前学习阶段

本次教学实践课前学习阶段中"4 线–16 线译码器"实训项目课前学习阶段的教学设计如表 3–18 所示。

表 3–18　"4 线–16 线译码器"实训项目课前学习阶段的教学设计

实训名称	组合逻辑电路综合实训		
实训项目	4 线–16 线译码器		
学习方式	在线学习	学习地点	自主选择
学习时间	从	至	
学习目标	（一）知识 1. 学生可以了解译码器的含义、分类及其实际应用； 2. 学生能够正确写出不同数制之间的相互转化； 3. 学生可以知道 74LS138 译码器的逻辑功能、工作原理、各引脚的作用及其实际应用，并能够熟练写出其正常工作的真值表与逻辑函数表达式 （二）能力 1. 学生在数字电路理论学习的过程中，若遇到问题，可以逐步利用已有的知识对问题进行发现、分析与解决； 2. 学生在理论学习内容或实操任务内容难度超越自身掌握知识范围时，学会不断主动利用空闲时间进行学习 （三）素质 学生通过观看传播大国工匠精神的视频，可以逐步强化职业操守与树立为人准则的优良品德		
学习重点	1. 译码器的含义、分类及其实际应用； 2.74LS138 译码器的逻辑功能、工作原理、各引脚的作用		
学习难点	1. 不同数制之间的相互转化方法； 2. "4 线–16 线"译码器实现的原理及方法； 3. 养成发现、分析、解决问题的能力； 4. 养成自主学习能力； 5. 形成工匠精神		
学习环节	1. 阅读引导文； 2. 观看微课； 3. 完成测试题； 4. 学习资料包； 5. 汇总疑问		
学习过程	1. 阅读"4 线–16 线"译码器引导文 【教师活动】通过云班课在线学习软件，将"4 线–16 线"译码器引导文以 PDF 或 DOC 的文件格式发布给学生。 【学生活动】在课前自由选择时间，通过云班课在线学习软件认真阅读，尤其是任务描述、学习目标与引导性问题部分，若有疑问就记录下来 2. 观看微课 【教师活动】运用云班课在线学习软件，将微课发布给学生。 【学生活动】在课后自由选择时间，通过云班课在线学习软件认真观看，直至学会，若有疑问就记录下来		

续表

实训名称	组合逻辑电路综合实训
学习过程	3. 完成测试题 【教师活动】通过云班课在线学习软件，将《随堂小测》发布给学生。 【学生活动】在课后自由选择时间，通过云班课在线学习软件认真完成，若有不会的就记录下来 4. 学习资料包 【教师活动】通过云班课在线学习软件，将包含《实验室安全手册》文档、《74LS系列门电路芯片手册》文档、激发学生学习数字电路兴趣的视频、传播工匠精神的短片、《面包板的使用教程》视频、《数字万用表的使用教程》视频的资料包发布给学生。 【学生活动】在课后自由选择时间，通过云班课在线学习软件认真学习，若有疑问就记录下来 5. 汇总疑问 【学生活动】汇总在引导文阅读、微课观看、随堂小测作答、资料包学习过程中产生的问题或者关于学习的建议与意见，并将问题带到线下实训中，等待与小组讨论或教师的集中解答
备注	学生在自习课、宿舍、家中自主选择时间，按照顺序完成，各种在线学习资料只是学习的工具和手段，学会才是学习的最终目的，因此，学生根据自己的知识基础和接受能力来分配时间进行认真学习，但须在一周内学完

（二）课中练习阶段

本次教学实践课中练习阶段中"4 线 –16 线译码器"实训项目课中练习阶段的教学设计如表 3–19 所示。

表 3–19　"4 线 –16 线译码器"实训项目课中练习阶段的教学设计

实训名称	组合逻辑电路综合实训		
实训项目	4 线 –16 线译码器		
学习方式	线下学习	学习地点	电子电工实训室
实训材料	74LS138 译码器、拨码开关、LED 灯、面包板、插接线、5V 电源模块、纸质引导文		
学习目标	（一）能力 1. 学生可以运用基本逻辑门电路和集成逻辑门电路知识，学会对较复杂的电路图进行分析； 2. 学生可以按照实训任务内容，利用所学的数字电路理论知识，逐步进行任务需求分析、数字电路设计方案的策划、正确集成芯片等电路模块的选择与电路的搭接实现； 3. 学生可以依据 74LS138 译码器各引脚的特点，按照实际需求，扩展实现"4 线 –16 线译码器"电路； 4. 学生在数字电路理论学习的过程中以及面对数字电路实操无法实现预期要求时，可以逐步利用已有的知识或数字万用表等工具对问题进行发现、分析与解决； 5. 学生在面对较复杂实训任务时，学会与他人合作分工完成； 6. 学生在自身无法解决电路错误时，逐步学会与同学或者教师沟通和研讨； 7. 学生可以在给定时间内完成实训项目任务的过程中，逐步学会自我时间管理，自我情绪管理		

实训名称	组合逻辑电路综合实训
学习目标	（二）素质 1. 学生在实训操作过程前后，严格遵守引导文中提供的《实验室安全手册》，认真听从教师的实训指令，保证有条不紊地完成实训任务，从而逐步建立服从意识； 2. 学生在实训操作过程中，遇到电路故障或者错误，学会不畏困难，耐心分析，从头到尾反复检查，逐步形成吃苦耐劳的精神； 3. 学生在与他人分工合作完成实训任务的过程中，学会主动承担自身工作的责任与义务，逐步形成工作责任意识
学习重点	1. 根据需求，使用 74LS138 译码器实现扩展； 2. 具备实训任务分析、策划、决策能力； 3. 电路故障检修能力
学习难点	1. 形成发现问题、解决问题能力； 2. 养成团队协作与沟通能力； 3. 形成自我管理能力； 4. 养成严谨的工作态度； 5. 形成服从意识； 6. 养成吃苦耐劳的精神； 7. 具备工作责任意识
教学环节	1. 答疑解惑； 2. 实训任务引入； 3. 思考引导性问题； 4. 小组合作开展实训； 5. 验收实训成果； 6. 多元评价； 7. 师生总结
学习过程	1. 答疑解惑 【教师活动】根据云班课在线学习软件后台的监控数据，对学生在线学习情况进行点评，对认真学习的学生给予肯定，对不认真学习的学生进行劝诫。 【学生活动】听取教师点评，如有特殊情况，向教师说明。 【教师活动】给学生分组，4 人一组，并任命其中一位为组长。让小组 4 人将每人在线学习过程中产生的疑问进行汇总与讨论，并将讨论未果的疑问记录下来。 【学生活动】组队讨论，然后小组长负责将未得到解答的疑问汇报给教师。 【教师活动】收集各组学生未解决的疑问，并针对这些疑问进行集中答疑。 【学生活动】认真听讲，并与教师就疑问进行进一步讨论 2. 实训任务引入 【教师活动】下发本次实训所用纸质引导文，让学生再次阅读引导文中的学习目标，以加深其对本次实训学习的了解。 【学生活动】认真阅读引导文中的学习目标，加深了解通过本次实训需要达到什么样的目标以及学习过后能够干什么。 【教师活动】情境引入："若要为某电子设备厂设计电子模块，要求用 2 片 74LS138 译码器联成一个"4 线 –16 线译码器"，即通过输入任意的四位二进制组合，对应的十进制输出端可以出现低电平，进而使其连接的 LED 熄灭，请你想想该如何实现这种扩展？" 【学生活动】回顾课前在线学习所学。

实训名称	组合逻辑电路综合实训
学习过程	3. 思考引导性问题 【教师活动】引导学生对引导文中的引导性问题进行思考，并在引导文的工作计划表中写下本次实训任务的实施计划，再进行 4 人小组讨论。 【学生活动】独立思考引导性问题，在草稿纸上写下自己的思考结果，然后小组 4 人进行讨论。 【教师活动】与学生一起对引导性问题进行探讨与解答。 【学生活动】对照教师关于引导性问题的解答，将自己与小组讨论的解答结果进行反思与改正，如有疑问向教师提出 4. 小组合作开展实训 【教师活动】让学生结成 2 人小组，根据引导文对本次实训任务进行开展。 【学生活动】结成 2 人一组，根据引导文，一起对本次实训任务所需要的材料进行选择，依据自己设计的电路图进行电路的搭接。实训操作过程中，如有问题，组内、组外相互进行研讨。 【教师活动】巡视学生实训任务的完成情况，在必要时给学生提供帮助，并在巡视过程中观察学生实训操作的易错点 5. 验收实训成果 【学生活动】学生合作实现电路的正确扩展与搭接后向教师示意，等待教师验收。 【教师活动】验收学生的实训成果，判断是否通过，若没通过，则让学生回去仔细检查；若通过，则让学生进入评价环节。 【学生活动】根据教师的验收结果，判断所在小组是否可以进入评价环节 6. 多元评价 【教师活动】让通过成果验收的小组中的一名成员独立进行电路的搭接，该小组中的另一名成员按照引导文中的工作情况检查表对搭接电路的学生进行评价。 【学生活动】小组两人中一人进行电路的独立搭接，一人与教师根据引导文中工作情况检查表对搭接电路的学生进行评价，小组两人轮流进行。 【教师活动】独立搭接完毕后，让各小组根据引导文中学习评价表，先自评再组内互评，下课之前上交。 【学生活动】学生认真按照引导文中学习评价表针对本次实训所学进行自评与组内互评 7. 师生总结 【教师活动】与学生一起对本次实训进行总结，并询问各小组成员是否仍有疑问，若有疑问，帮助其解决。 【学生活动】与教师一起对本次实训进行总结，并提出自己仍有的疑问与不懂之处。 【教师活动】在学生评价好学习评价表并上交后，就巡视与成果验收两环节中每位学生的学习表现，在学习评价表中进行师评
备注	本次实践教学课中练习阶段，实验班 30 名学生被分成了 7 小组，其中有一组为 6 人组，其余皆为 4 人组

（三）课后复习阶段

本次教学实践课后复习阶段中 "4 线 –16 线译码器" 实训项目课后复习阶段的教学设计如表 3–20 所示。

表 3-20　"4 线 -16 线译码器"实训项目课后复习阶段的教学设计

实训名称	组合逻辑电路综合实训		
实训项目	4 线 -16 线译码器		
学习方式	在线学习	学习地点	自主选择
学习时间	从	至	
学习目标	（一）能力 学生在实训拓展问题上，能够灵活解答并将解答运用于实际电路的设计，进而在解决已有电路功能不足问题的同时，逐步提升其创新思维能力 （二）素质 1.学生通过解答文档的复习，可以对实训前后存在的易错点进行系统回顾与反思，有利于其改善失误与操作不规范等行为，能使其逐步形成严谨的工作态度； 2.学生通过实训报告的撰写，用文字的形式对实训过程进行思考与总结，能逐步强化自身文化知识素养		
学习重点	对实训问题解答文件的理解		
学习难点	独立且正确地回答实训拓展问题		
学习环节	1.复习解答文件； 2.选做拓展性问题； 3.撰写实训报告； 4.师生在线研讨		
学习过程	1.复习解答文件 【教师活动】通过云班课在线学习软件，将解答文件以 PDF 或 DOC 的文件格式发布给学生。 【学生活动】在课后自由选择时间，通过云班课在线学习软件按时认真复习 2.选做拓展性问题 【教师活动】通过云班课在线学习软件，将拓展性问题发布给学生。 【学生活动】在课后自由选择时间，通过云班课在线学习软件选做拓展性问题，并将自己对问题的解答写在《实训报告》上 3.撰写实训报告 【学生活动】认真撰写，并定期上交 4.师生在线研讨 【教师活动】开放在线交流平台，例如 QQ、微信等。 【学生活动】就本次实训前后自己未解决的困惑，或者对本次实训教学的建议与意见，通过在线交流平台与教师进一步研讨		
备注	学生在自习课、宿舍、家中自主选择时间，按照顺序，根据自身实训学习与掌握情况，有针对性地认真复习，并在规定时间内完成		

五、实践结果分析

本次教学实践的结果将从实验班与对照班教学效果的对比、实验班学生的学习感受两方面进行分析，以探究基于 OBE 教育理念设计的数字电路综合实训教学新模式的教学效果。

（一）实训教学效果分析

以课堂观察、过程性评价、终结性考核相结合的方式，对实验班与对照班的实训教学过程与教学结果进行对比分析。

首先，通过课堂观察，我们发现实验班学生平时的学习积极性与课堂活跃度都很高，而对照班学生课堂较为沉寂，学生各忙各的，因缺少同伴监督，部分学生会出现偷懒、浑水摸鱼的情况。另外，实验班的学生通过课前学习，对实训学习目标与学习内容已经清楚，明白实训任务的重难点，时间安排得也较为合理，因而实验班在平时对于实训项目的完成率也较对照班的高。

其次，通过过程性评价，因为实验班在教学中使用了引导文，所以学生对自己实训操作过程中的不足较为明了，并在下一次实训中会有改进的表现。而对照班学生对自己实训操作存在的问题并不是很清楚，不知如何去改进，又因为实训操作过程的好坏并不会对自己最终成绩的评定造成影响，因此，自觉性差的学生在实训过程中错误百出，且不知改进。

最后，在综合实训教学结束后，通过终结性考核，在纸质答题环节上，根据平时实训项目中的重要理论知识、实践操作的关键事项以及新的拓展延伸题目等内容设计了"数字电路综合实训终结考试卷"，并利用问卷星平台，将该卷做成了二维码问卷，发布给两班的学生，学生通过手机结合草稿纸的方式进行答题。汇总学生成绩，发现两班学生成绩皆呈现正态分布，之后将成绩导入 SPSS21 软件中进行独立样本 t 检验，检验的差异分析结果如表 3-21 所示。

表 3-21　实验班与对照班学生终考成绩差异分析

	组别	N	均值	标准差	t	p
成绩	对照班	30	72.80	13.436	2.837	0.004
	实验班	30	78.53	13.028		

通过表 3-21 的差异分析可知，实验班学生成绩的均值比对照班学生成绩的均值高了 5.73 分，且 t=2.837，p=0.004<0.05，两班成绩存在显著性差异，具有统计学意义。由此可知，实验班学生的成绩要明显优于对照班，这体现出新模式下学生理论知识的掌握较传统模式要好。在终结性考核的项目实操环节，通过两班平时操作过的三个实训项目的考核，发现实验班学生的完成度与完成时间也较对照班好且快，这体现出新模式下学生的动手实践能力相较于传统模式有了明显的提升。

（二）学生学习感受分析

在实践结束时，为了解实验班学生对基于 OBE 教育理念设计的"翻转课堂＋引导文"实训教学新模式的感受与态度，通过文献分析法，参考相关论文，并根据调查目的，采用李克特量表，针对学生对实训教学新模式的感受、态度以及学生在该模式下的学习效果等方面设计了"基于 OBE 教育理念的实训教学新模式下学生的学习感受调查问卷",同样利用问卷星平台,对实验班的 30 名学生进行了调查,将调查的结果通过 SPSS21 软件的度量 – 可靠性分析,得出克朗巴哈系数法为 0.72>0.7,说明该量表问卷的可信度较好,之后对调查的结果进一步分析,具体如下。

1. 学生对实训教学新模式的态度分析

由表 3-22、表 3-23、表 3-24 可知,85% 以上的学生对基于 OBE 教育理念设计的中职数字电路综合实训教学新模式在可以很好地解决其学习过程中产生的疑问、提高其课堂学习积极性以及有利于其基本技能的掌握方面表示了同意,其中又有 40% 以上的学生对该实训教学新模式在这几方面的体现表示赞同。另外,在对实训教学新模式开展的过程性与终结性相结合的多元评价方式上,表 3-25 表明 90% 的学生表示了认可,体现了这种教学评价方式确实可以更加科学与公正地对学生的学习进行评价,以及更有利于学生学习的自我改进。表 3-26 体现了超过 95% 的学生在学习完本次综合实训课程后,对可以获得的知识、技能、素质更加清楚,因此,更有利于其对已学数字电路知识与技能的回顾与梳理,这就为后续以数字电路为基础的相关课程的学习打下了坚实的理论与实操基础。

表 3-22　学生对"实训教学新模式能很好地解决其学习过程中产生的疑问"的态度

选项	小计	占比 /%
非常同意	12	40
同意	16	53.33
一般	2	6.67
不同意	0	0
非常不同意	0	0

表 3-23　学生对"实训教学新模式会带动其积极参与课堂"的态度

选项	小计	占比 /%
非常同意	13	43.33
同意	15	50
一般	2	6.67
不同意	0	0
非常不同意	0	0

表 3-24　学生对"实训教学新模式更有利于其基本技能的深入掌握"的态度

选项	小计	占比 /%
非常有利	13	43.33
有利	13	43.33
一般	4	13.34
不利	0	0

选项	小计	占比 /%
非常不利	0	0

表 3-25　学生对"实训教学新模式下的教学评价方式"的满意程度

选项	小计	占比 /%
非常同意	14	46.67
同意	13	43.33
一般	3	10
不同意	0	0
非常不同意	0	0

表 3-26　学生对"实训教学新模式下对学完课程需达到的水平"的清楚程度

选项	小计	占比 /%
非常清楚	16	53.33
清楚	13	43.33
一般	1	3.34
不清楚	0	0
非常不清楚	0	0

2. 实训教学新模式对学生预期学习成果的达成度分析

如表 3-27 所示，问卷中以调查学生通过实训教学新模式的学习，在其知识、能力与素质具体方面的影响程度为目的而设计的矩阵量表题的平均分最高为 4.50 分，表中每一个选项的得分均超过了 4 分，且表中 85% 以上的学生认为实训教学新模式在对自己工作责任意识、自我管理能力、数字电路专业操作技能、严谨的工作态度、服从意识及任务分析、策划、决策等综合职业能力的提升上具有积极的影响，其中一半左右的学生认为，这对于他们在这几个方面上的进步还产生了促进作用，表明实训教学新模式在学生预期学习成果的达成方面起到了良好的效果。

表 3-27　学生通过实训教学新模式的学习在各方面的影响程度

项目	影响程度					平均分
	有积极影响，且产生了促进作用	有积极影响，但意义不大	没什么影响	有负面影响，但影响不大	有负面影响，且产生了消极情绪	
数字电路理论知识的掌握	13（43.33%）	12（40%）	5（16.67%）	0（0%）	0（0%）	4.27

续表

项目	影响程度					平均分
	有积极影响，且产生了促进作用	有积极影响，但意义不大	没什么影响	有负面影响，但影响不大	有负面影响，且产生了消极情绪	
数字电路实践操作技能	16（53.33%）	11（36.67%）	3（10%）	0（0%）	0（0%）	4.43
实训任务分析、策划、决策的能力	13（43.33%）	16（53.33%）	1（3.33%）	0（0%）	0（0%）	4.43
发现与解决电路错误问题的能力	14（46.67%）	13（43.33%）	2（6.67%）	1（3.33%）	0（0%）	4.33
小组团队协作与沟通交流的能力	12（40%）	16（53.33%）	1（3.33%）	1（3.33%）	0（0%）	4.30
实训自我时间、自我情绪的管理能力	18（60%）	10（33.33%）	1（3.33%）	1（3.33%）	0（0%）	4.50
主动利用空闲时间进行学习的能力	14（46.67%）	11（36.67%）	4（13.33%）	1（3.33%）	0（0%）	4.27
数字电路设计创新的能力	8（26.67%）	14（46.67%）	8（26.67%）	0（0%）	0（0%）	4.00
工匠精神、职业道德等思想品德	11（36.67%）	14（46.67%）	5（16.67%）	0（0%）	0（0%）	4.20
书面表达等自身文化知识素养	11（36.67%）	13（43.33%）	6（20%）	0（0%）	0（0%）	4.17
实训仔细、精益求精的严谨工作态度	16（53.33%）	12（40%）	1（3.33%）	1（3.33%）	0（0%）	4.43
服从小组长、教师管理的意识	17（56.67%）	9（30%）	3（10%）	1（3.33%）	0（0%）	4.40
耐心、不畏困难等吃苦耐劳精神	10（33.33%）	16（53.33%）	4（13.33%）	0（0%）	0（0%）	4.20
实训分工的工作责任与义务意识	17（56.67%）	11（36.67%）	2（6.67%）	0（0%）	0（0%）	4.50

3. 学生对实训教学新模式模式的认可与支持度分析

由表 3-28、表 3-29 可知，实训教学新模式受到了学生普遍的认可与欢迎，90%的学生对实训教学新模式感到满意，且 83% 以上的学生愿意以后继续在这种新模式下学习，这说明基于 OBE 教育理念设计的中职数字电路综合实训教学新模式具有较高的可行性。

表 3-28　学生对"在实训教学新模式下学习让其感到满意"的态度

选项	小计	占比 /%
非常同意	15	50
同意	12	40
一般	3	10
不同意	0	0
非常不同意	0	0

表 3-29　学生对"希望以后继续以该实训教学新模式完成数电实训课程的学习"的态度

选项	小计	占比 /%
非常同意	12	40
同意	13	43.33
一般	5	16.67
不同意	0	0
非常不同意	0	0

（三）实践结论

通过对比实验班与对照班的教学效果可以得知，无论是学生平时课堂中的表现与进步，还是终结性考核中学生理论与实操的掌握，都表明了实训教学新模式的教学效果要优于实训教学传统模式，这体现出基于 OBE 教育理念设计的中职数字电路综合实训教学新模式在提升学生实训学习质量方面具有较高的有效性。通过实验班学生学习感受问卷调查分析，也表明了实训教学新模式在学生看来，其对自己知识、能力与素质等预期学习成果达成上具有很好的促进作用，且大多数学生对该新模式表示了认可与支持，这体现出基于 OBE 教育理念设计的中职数字电路综合实训教学新模式同时也具有较好的可行性。

第四章　OBE 教育理念下电类专业人才培养模式研究

第一节　OBE 教育理念下电类专业人才培养现状分析

职业院校电类专业人才培养强调在促进区域经济和产业升级的基础上将现有工科进行融合创新，能更好地适应区域发展的现实需求。因此，我们有必要了解职业院校电类专业人才培养现状，进一步明确 OBE 视域下电类专业人才培养存在的问题。

一、电类专业人才培养现状调查

（一）电类专业人才培养现状问卷调查基本情况

1. 问卷设计

本次调查针对企业、教师、学生三类群体分别设置自编调查问卷。问卷分为两个部分，涉及选择题型、排序题型和填写题型。

第一部分是调查对象的基本信息，了解对象是否符合调查要求。第二部分是关于电类专业人才培养现状的问题，包括五个方面的内容：培养目标、课程设置、教学方式、师资队伍、评价体系（企业问卷稍有不同）。单选题部分多采用李克特量表，选项包括"完全同意""同意""不确定""不同意""完全不同意"五个程度选项。其后设置一道开放式问题，用以搜集企业、教师、学生对电类专业人才培养的具体意见。为保证问卷的真实性和有效性，调查问卷经历了初步拟定、反复修改、小范围试测、部分再测的过程，同时题目中设置"陷阱题"以判断企业、教师、学生前后回答的一致性程度。

2. 调查对象

本次针对电类专业人才培养现状开展调查，选取职业院校从业人员较多的用人单位、电类专业教师、在校大三以上及毕业学生作为调查对象，调查辐射的地域范围涵盖黑龙江、湖北、浙江、河南、广东、江苏、北京等 21 个省级行政区。其中企业调查问卷共发放 200 份，回收有效问卷 187 份，有效率为 93.5%；教师调查问卷共发放 100 份，回收有效问卷 87 份，有效率为 87.0%；学生问卷共发放 1 000 份，回收有效问卷 864 份，有效率 86.4%。最终回收的有效调查问卷利用 SPSS 21 统计软件进行数据统计分析。

（二）电类专业人才培养现状调查结果分析

1. 教师与学生视角下电类专业人才培养现状分析

（1）培养目标

教师和学生对人才培养目标的认可度调查结果如表 4-1 所示，在学校人才培养目标的了解程度上，89.27% 的学生了解本专业人才培养目标，而在教师中这一比例上升到了 92.34%。绝大部分师生都能够认识学校应用型人才的具体培养目标，但只有 71.26% 的学生和 78.17% 的教师认为学校本专业的人才培养目标符合社会需求。同时，有 72.03% 的学生和 84.12% 的教师认为毕业生就业时需要同高水平工科大学毕业生竞争同一岗位。

表 4-1 教师和学生对人才培养目标的认可度调查

项目		完全同意（%）	同意（%）	不确定（%）	不同意（%）	完全不同意（%）
您对目前学校本专业人才养目标的了解程度	教师	62.34	30	5.66	1.1	0.9
	学生	80	9.27	6.72	3.08	0.93
您认为目前学校本专业人才培养目标是否符合社会需求	教师	68.17	10	9.1	7.2	5.53
	学生	66.26	5	10.1	13.4	5.24
您认为所在学校毕业生就业时是否需要同高水平工科大学毕业生竞争同一岗位	教师	64.04	20.08	7.1	4.39	4.39
	学生	65.23	6.8	13.6	8.8	5.57

（2）课程设置

教师和学生对课程设置的认可度调查结果如表 4-2 所示，认为学校课程设置合理且前后具有逻辑性的学生占调查总数的 66.67%，其中 74.71% 的学生认为课程设置反映了社会对工程人才的需求；而在教师调查中这一数据分别变成了 75.36%、83.17%，这说明教师对课程设置的认同度普遍比学生高。72.79% 的学生和 81.07% 的教师认为学校开设的课程对学生未来就业有一定帮助。

表 4-2 教师和学生对课程设置的认可度调查

项目		完全同意（%）	同意（%）	不确定（%）	不同意（%）	完全不同意（%）
您认为目前学校课程设置合理，前后具有逻辑联系	教师	50.78	24.58	14.23	8.45	1.96
	学生	59.62	7.05	21	8.05	4.28
您认为目前学校课程设置反映了社会对工程人才的需求	教师	56.23	26.94	7.52	4.54	4.77
	学生	62.14	12.57	15.29	7.7	2.3
您认为目前学校开设的课程对学生今后的就业有帮助	教师	59.58	21.49	8.27	6.14	4.52
	学生	56.13	16.66	17.21	6.23	3.77

同时，调查结果显示，不论是教师还是学生都认为现阶段学校课程对工程能力的培养与就业需要能力基本一致，尤其是对工程实践、终身学习、团队协作、行业前沿等知识与能力进行培养的课程，具体情况如图 4-1 所示。

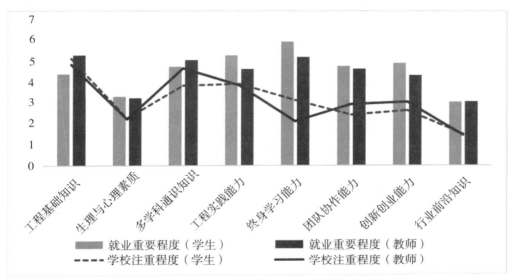

图 4-1　教师与学生对学校课程设置评价的对比

（3）师资队伍

教师和学生对师资队伍的认可度调查结果如表 4-3 所示，74.95% 的教师认为学校师资队伍水平基本符合电类专业人才培养的要求。在学生群体中这一数据变成了73.57%，相较于教师群体，学生认为学校师资队伍水平基本符合预期的百分比略低。80.46% 的学生和 72.32% 的教师认为电类专业教师应定期到企业或相关行业实践锻炼，提高其工程实践能力和对产业发展的敏感度。

表 4-3　教师和学生对师资队伍的认可度调查

项目		完全同意（%）	同意（%）	不确定（%）	不同意（%）	完全不同意（%）
您认为目前学校师资队伍水平基本素质符合预期	教师	61.23	13.72	10.01	8.75	6.29
	学生	60.89	12.68	16.23	6.82	3.38
您认为本专业教师应定期到企业或相关行业实践锻炼	教师	58.26	14.06	12.59	6.89	8.2
	学生	68.45	12.01	10.87	5.74	2.93

同时，教师与学生群体对于电类专业教师基本素质的评价趋势基本一致：学校专业教师最薄弱能力与教师应具备的各项能力之间，除专业知识与技能外，其他各项能力均存在一定差距，尤其是工程实践能力和科研创新能力需要学校教师重点关注和进一步加强，具体情况如图 4-2 所示。

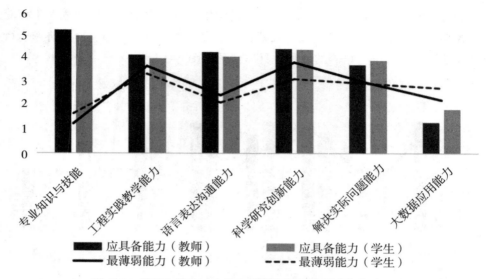

图 4-2　教师与学生对电类专业教师基本素质评价的对比

（4）教学方式

从教师及学生对现今学校教学方式的评价中不难看出，职业院校教学方式整体上已经朝着去单一化的方向发展，出现了除理论教学外的"情景案例教学"和"项目实践教学"等多种教学方式。但是理论灌输式教学依然是学校最常用的教学方式之一，在学生评价中，该方式的普遍程度达到 72.73%。虽然在教师评价中这一比例有所下降，为 56.73%，但依然有半数以上的教师认为该方式在现今教学中普遍存在，具体情况如图 4-3 所示。从图中可以看出，学生与教师对教学方式的评价存在一定的认知差异，即一些教师多样化的教学方式没有真正使学生融入其中。

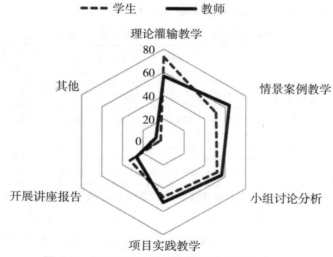

图 4-3　教师与学生对学校教学方式评价的对比

（5）评价体系

对于电类专业实践课程的评价体系，教师和学生对评价方式的认可度调查结果如表4-4所示，61.69%的同学认为学校考核方式单一，以纸笔测验为主，51.34%的学生基本不参与学习评价。认为学校人才培养评价只注重学习成绩的占到了调查学生总数的57.47%。在对教师的调查中，69.45%的教师认为学校考核方式相对单一，60.41%的教师认同学生基本不参与学习评价，63.85%的教师认为目前学校现实评价体系更加注重学生的学习成绩。

表4-4　教师和学生对评价方式的认可度调查

项目		完全同意（%）	同意（%）	不确定（%）	不同意（%）	完全不同意（%）
您认为目前本专业课程考核以笔试为主，考核方式单一	教师	51.47	17.98	6.89	16.56	7.1
	学生	52.36	9.33	20.41	6.28	11.62
您认为目前本专业学生基本不参与学习评价	教师	48.26	12.15	9.24	18.24	12.11
	学生	40.36	10.98	31.24	6.78	10.64
您认为目前学校人才培养评价只注重最终学习结果	教师	54.89	8.96	16.74	5.26	14.15
	学生	48.63	8.84	18.65	15.47	8.41

此外，调查结果显示，对于电类专业人才培养中存在问题的评价，教师与学生的看法存在较显著的差异，但也有相通的地方。学生群体认为学校工程人才培养最突出的三个问题分别是实践教学环节不足、忽视学生个性发展以及教学方法单一，而教师群体则认为现今地方工科院校人才培养中最突出的三个问题分别是实践教学环节不足、师资力量不强、工程人才与社会需求脱节，具体情况如图4-4所示。

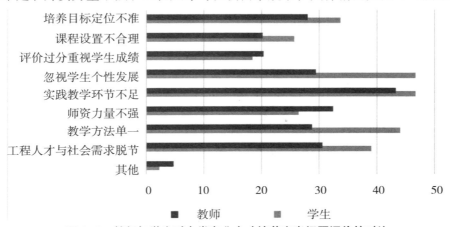

图4-4　教师与学生对电类专业人才培养突出问题评价的对比

2.企业视角下电类专业人才培养现状分析

（1）培养目标

企业人才培养目标的调查结果如表4-5所示，通过调查电类专业从业人数较多的企业，我们发现，只有 29.16% 的企业对电类专业人才培养目标比较了解。但是了解人才培养目标的企业中，有 87.59% 的企业认为目前电类专业人才培养目标基本符合社会要求。与此同时，超过 83.34% 的企业认为电类专业毕业生就业时需要同高水平工科大学毕业生竞争同一岗位。

表 4-5 企业人才培养目标调查表

项目	完全同意（%）	同意（%）	不确定（%）	不同意（%）	完全不同意（%）
您对目前学校本专业人才培养目标的了解程度	18.21	10.95	50.21	6.78	13.85
您认为目前学校本专业人才培养目标符合社会需求	62.14	25.45	3.21	6.73	2.47
您认为所在学校毕业生就业时需要同高水平工科大学毕业生竞争同一岗位	69.36	13.98	6.75	5.43	4.48

（2）毕业生基本素质

根据不同企业规模，我们将电类专业毕业生基本素质评价进行横向对比后发现，中型企业对毕业生基本素质的整体评价最高，小型企业次之，大型企业对毕业生基本素质的整体评价最低。但总体上企业对于毕业生基本素质的评价趋于一致，评价最高的是毕业生的工程基础知识，评价最低的是毕业生的工程实践能力，具体情况如图 4-5 所示。

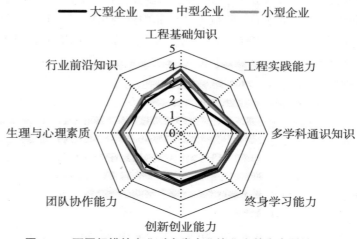

图 4-5 不同规模的企业对电类专业毕业生基本素质的评价

（3）校企合作

校企合作调查结果如表 4-6 所示，71.32% 的大型企业和 67.5% 的中型企业与职业院校存在校企合作，小型企业中这一比例仅为 35.65%。但不论企业规模大小，76.34% 的企业均认为与职业院校开展校企合作对满足企业的人才需求有帮助。

表 4-6　校企合作调查表

项目	大型企业（%）	中型企业（%）	小型企业（%）
贵单位是否存在校企合作	71.32	67.5	35.65
您认为现阶段校企合作对贵单位满足人才需求有帮助	54.21	18.47	3.66

同时，存在校企合作的企业中，校企合作的主要形式是共同商定培养目标、共同制定企业培养方案、共同搭建工程实践平台，具体情况如图 4-6 所示。

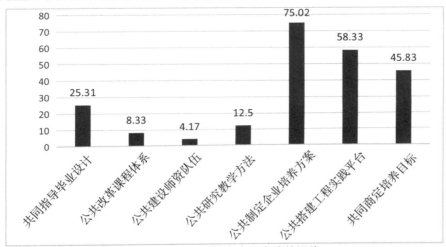

图 4-6　企业对校企合作方式的评价

此外，企业认为目前电类专业人才培养中最突出的三个问题是实践教学环节不足、工程人才与社会需求脱节、培养目标定位不准确，比例分别是 59.75%、48.32% 和 30.16%，具体情况如图 4-7 所示。

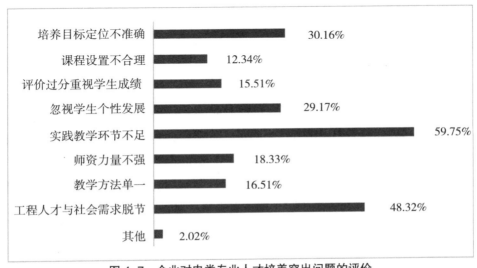

图 4-7　企业对电类专业人才培养突出问题的评价

二、OBE 教育理念的实施特点

（一）强调培养目标与人才需求的一致性

为了缓和教育与实际需求之间的矛盾，OBE 教育理念在实施过程中突出教育的实用性和教育成果的重要性。在人才培养中以学习成果作为确定培养目标的出发点和归宿，充分考虑产业需求、政府、学校、家长、学生等多方面的利益诉求。因此，学习成果的确定是 OBE 教育理念实施的关键环节之一。传统学科本位的教育以学科需要为中心，倾向于学科知识的逻辑性和系统性，人才培养只能适应国家和社会的外部需求而很难满足其内部需要。OBE 导向的教育"反向设计、正向实施"，以实际需要为前提，由需要决定学习成果，再由学习成果决定培养目标，进而设计对应的培养计划，能最大程度地保障培养目标与实际需求的一致性。

（二）重视课程体系构建的综合性

课程与课程之间在整体上存在某种关联，正是这种关联最终形成了相互作用、相互依存的完整课程体系，使课程体系具有综合性，而不至于成为杂乱无章的"课程碎片"。OBE 教育理念在实施过程中强调能力本位，相较于学生对知识的记忆，更加注重学生对知识的理解。因此鼓励学生将掌握内容的方式，从解决固定问题的能力拓展到解决开放问题的能力。为了帮助学生获得满足学习成果所应具备的综合知识和能力，OBE 教育理念重视综合性课程体系的构建，要求课程体系与学生的能力结构一一对应，形成一种清晰的映射关系。认知结构中的每一种能力都要有明确的课程做支撑，同样课程体系的每一门课程也都要对构建认知结构有确定的贡献。

除了以提高综合素质与发展能力为基础外，课程体系在构建时还要把握两个基本原则：一是与培养目标相结合，以预期学习成果为标准反向推导，不断增加课程难度引导学生逐步达成预期学习成果；二是聚焦于基础、核心的学习成果，排除非必要课程，帮助学生在有限时间内获得最大学习效益。

（三）突出教学过程的实践性

为了帮助学生能尽快适应未来生活，获得应对当今社会发展和挑战所需要的知识和能力，形成自己独特的能力。OBE 教育理念在实施过程中强调突出教学过程的实践性、重视教育的实用性和对学生个性实践能力的培养，明确在教育过程中重要的是"学生的学"而不仅仅是"教师的教"，重要的是"学生的行"而不仅仅是"学生的知"，重要的是"个性"而不仅仅是"共性"。因此，OBE 教育理念要求，教育教学一方面要增加多元化实践项目，如实习项目、独立项目、综合项目等多种类型，让学生置身于完整的过程环境中，通过锻炼获得自我职业认识及相关基本能力。在实践项目中制定具有挑战性的梯度标准，使每一位学生都能有平等成功的机会，通过成功体验鼓励学生在复杂任务中利用团队力量深度学习，获得更高阶的能力，如设计创造能力、分析综合能力、领导沟通能力等。另一方面要保障实践教学符合每个学生的实际情况，开展个性化特色教学。教师的教学要建立在充分了解和研究学生的基础上，精准把握每一位学生的个性特点、知识经验、成长轨迹，从而有针对性地制定弹性的教学方案，在时间和资源上保障每一位学生都有充分呈现自己学习成果的机会，相信只要给予学生充足的时间和恰当的学习机会，他们最终都会达成预期的学习成果。

（四）聚焦学习成果，注重评价的发展性

OBE 教育理念在实施过程中强调教学评价要聚焦于人才培养的预期学习成果而不是具体的某一教学内容和方式手段。但是在评价时关注"最终结果"并不代表不顾及教学过程，而是对教学进行全过程的发展性评价，即将"最终结果"分为若干个阶段目标，通过对阶段目标的评价逐步达成对预期学习成果的评价，使学生不断获得更高层次的自我效能感，进而激发学生的学习兴趣和主观能动性。此外，OBE 教育理念不提倡在学生间进行选拔、甄别的常模参照评价，而是注重标准参照评价及自我参照评价，即评价强调学生学习成果的达成和个人学习的前后对比。因此，要求教学评价根据学生的特点和所能达到的程度制定灵活的标准，分层次地对学生进行个性化评价。同时，通过自评的方式让学生认识到自己的进步，及时发现自己学习中存在的不足。通过师评、互评或用人单位评价等方式全方位地对学生学习成果的完成度及人才需求一致性程度做出相应的价值判断，并及时予以改进，不断调整预期的学习成果。

这种全方位、全过程的发展性评价，既可以使学生的能力得以充分发挥，达到评价的最终目的——促进每一位学生的发展；又能通过教学评价不断从多方面获得反馈信息，真正做到评价聚焦发展中的学习成果。

三、OBE 教育理念与传统教育理念的对比

OBE 教育理念作为一种先进的理念，引导着工程教育改革的方向。因此，我们有必要明确 OBE 教育理念与传统教育理念相比之下的人才培养存在哪些区别。下面从教学理念、学生角色、课程设置、教学方式、学习方式、评价方式等六个方面将两者进行对比，具体如表 4-7 所示。

表 4-7　OBE 教育理念与传统教育理念的对比

人才培养	OBE 教育理念	传统教育理念
教学理念	培养目标、课程设置、教学过程、评价标准等均以成果为导向，强调开放的教学	教学目标、课程安排、教学进度均以计划为导向，强调按部就班地执行

人才培养	OBE 教育理念	传统教育理念
学生角色	主动学习，重点在学习产出上	被动接受，重点在教师要求上
课程设置	需求中心，利益相关者导向 （专家、用人单位、学生等）	学科结构为中心，学科专家导向
教学方式	以学生为中心，主张协同教学， 建立学习共同体	以教师为中心，主张分科教学， 学生间竞争学习
学习方式	批判学习，注重反思	接受学习，机械记忆
评价方式	能力导向，多元评价，注重过程， 增加成功机会	知识导向，总结评价，注重结果， 限制成功机会

四、OBE 教育理念下电类专业人才培养存在问题及原因分析

（一）培养目标定位不精准

现今职业院校虽然已经认识到其工程人才培养要贴合地方经济需求，但是人才培养目标的定位依然不够精准，没能在培养应用型工程人才的基础上依据办学特色和区域产业需求等进一步细化培养目标，发挥办学优势。这就导致电类专业的人才培养目标与人才需求不完全匹配。而且，相当一部分地方院校没能厘清自身与高水平院校培养目标的区别，盲目追求培养高层次电类专业人才，但又缺乏高水平工科院校的生源优势、师资优势、学科前沿优势等，导致学生毕业后需要与高水平工科大学毕业生竞争同一岗位的现象大量存在。

（二）课程设置过于重视基础知识

在产业结构一体化的发展趋势下，职业院校开始认识到电类专业的重要性，电类专业逐渐受到重视，课程设置渐趋多元化。但是，电类专业课程设置"重理论轻实践"的问题仍然没有得到根本解决。课程结构偏重基础知识和多学科基础知识，对于学生能力培养的课程设置比例远未达到产业要求，如注重学生终身学习、工程实践、团队协作等能力培养的相关课程，导致学生就业面临一定困难。此外，课程内容过于繁杂也会导致学生无法聚焦核心课程，在增加学生负担的同时，学习效率也将大打折扣。

（三）教学方式忽视学生个性发展

近年来职业院校的教学方式朝着多元化方向发展，情境案例教学、小组讨论分析、项目实践教学、讲座报告等都是电类专业人才培养中较常使用的教学方式。但是理论灌输式依然是电类专业教学中最普遍采用的方式，课堂教学完全由教师主宰，学生的主体作用难以体现，学生个性发展难以得到重视。即使是小组讨论、项目实

践或者校企合作等教学方式也更多地流于形式，没有给予每一个学生平等成功的机会，学生个体能动作用很难充分发挥，没有真正做到"以生为本"，关注全体学生全面发展的同时，关注每一位学生的个性发展。

（四）教师工程实践能力欠缺

对于电类专业应用型人才的培养，教师除了要具备扎实的专业基础知识外，工程实践教学能力与解决实际问题能力也是其不可或缺的基本能力。但是现今职业院校"双师双能型"教师的数量还很少，教师普遍缺乏真实工程实践经历，对行业产业发展趋势、生产实际的了解不够深入，导致教师工程实践教学能力难以满足人才培养的需求。同时，电类专业教师还需具备良好的科研创新能力和大数据应用能力，需不断更新自己的知识体系和教学方式以适应新工科建设需要。此外，在培养和引进"双师双能型"教师之余，学校对教师教学精力的投入也应予以权衡和保障。显然目前地方工科院校的师资水平还普遍难以满足新时代应用型人才培养的要求。

（五）评价方式单一且过分重视学习结果

人才需求多元、培养目标多元要求评价体系也要朝着多元化方向发展。然而现今电类专业评价方式依然由教师以纸笔测验为主，大大降低了学生实践操作和主动追求进步的积极性。同时，评价过分注重学习成绩，忽视了学生的学习过程，难以真实地反映学生能力水平，不利于激发学生的学习兴趣、帮助学生获得自我效能感。此外，电类专业的评价体系普遍缺乏对电类专业教育良好的持续改进机制，不利于教育质量的保障和提高。这样的评价体系无法全方位地对学生学习成果完成程度及产业需求一致性程度进行合理评价，无法针对学生特点和程度的不同进行个性化评定，导致应用型人才培养的目标难以实现，全方位工程人才的需求难以满足。

第二节　国内外典型 OBE 工程人才培养模式

为保证案例选择的可靠性和培养经验的借鉴度，我们在国内选取 OBE 工程人才培养模式上具有鲜明代表性的高水平工科大学、综合性高校及地方工科院校各一所；国外选取工程教育开展较早，实施效果显著，与 OBE 教育理念下电类专业人才培养需求一致的世界一流大学作为研究对象。

一、国内高校 OBE 工程人才培养模式

（一）"卓越计划"——OBE 模式

近年来，天津大学积极探索新时代一流工程教育及实施路径，认识到新工科建设是当代工程教育的必然选择，并根据 OBE 教育理念主动布局、深化工程教育改革。探析天津大学 OBE 工程人才培养模式的特点和经验对于推动地方工科院校 OBE 工程人才培养模式创新，提升其工程人才培养质量具有十分重要的意义。

1. 追求卓越的人才培养目标

天津大学的教育理念要求培养的卓越工程人才除了要具有良好的创新精神和实践能力外，还必须具备一定的家国情怀和全球视野。工程师打造现有世界、科学家创造未来世界，天津大学强调培养的学生不仅要有打造现有世界的本领、探究未来世界的精神，更需要具有保护人类生存发展的崇高理想和高尚情操。在确定具体培养目标和毕业要求时关注"学生学习成果"，对标世界和国内一流大学人才培养水平，调研企业和其他利益相关者（行业协会、教师、校友等）来确定天津大学的人才培养特色，最终形成了由身心素质、品德素质、能力、知识构成的 4 个维度、24 个要素的卓越工程创新人才培养标准，具体如表 4-8 所示。

表 4-8　天津大学卓越工程人才培养标准

维度	要素
身心素质	积极乐观的人生态度；自信心；自制力；包容心与团队精神；探究真理精神与百折不挠的毅力；优良的身体素质
品德素质	远大理想与战略思维；社会责任感；敬业精神和为国奉献的志向；敢于质疑、勇于探索的精神；同理心与感恩心
能力方面	善于学习与解决实际工程问题的能力；创新能力；领导能力；中外语言交流能力；运用现代信息技术的能力；专业前沿的理解力与洞察力
知识方面	坚实的工程基础知识；系统前沿的专业知识；广博的自然科学和人文知识；政治和哲学知识；法律和知识产权知识；经济与组织管理知识

2. 一体化的人才培养体系

天津大学创新目标导向的一体化培养体系，根据细化到知识点、能力元、具体技能的专业目标和毕业要求反向制订全面详细的培养计划、课程大纲、教学方法、评估方法等，通过师资队伍建设、产学研合作、实践教学条件建设等方面的加强，使得培养结果传递到每一个培养环节中，促进工程人才培养质量的提高。在实施过程中形成了完整的 OBE 工程教育系统，如图 4-8 所示。

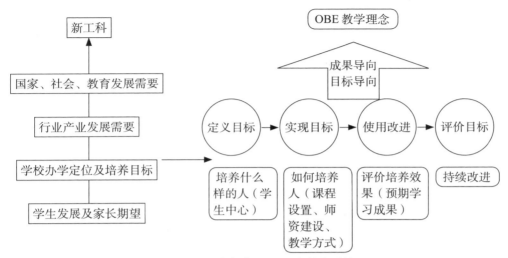

图 4-8　天津大学 OBE 工程教育系统

　　课程设置充分利用 MIT-Harvard EDX 和 CN-MOOC 精品课等课程资源,以保证课程内容的先进性,注重 coherent 课程组建设,以保证课程的关联性和整体性。建立了由辅导员、班主任、专业教师、指导教师组成的"四位一体"的师资队伍,强调教师的职责不仅是传授专业知识、指导科学研究,更重要的是要培养学生的创造性思维和批判性思维,形成全员、全方位、全过程育人模式。教学运用翻转课堂、项目群学习、产学研合作、国际化战略等方法手段,推进学生自主探究学习、跨学科合作学习、实践创新学习,培养学生设计与建造、科学与研究、创造与创新、团队与管理等方面的能力,使学生在认知学习、实践能力、情感道德等方面全面认识自我、挑战自我、超越自我。考核评价以我国工程教育专业认证标准为基础,借鉴ABET、EUR-ACE、CEAB 等国际工程认证标准将最终学习结果进行分解,设置合理的考核点不断评价改进学习效果。

(二) CDIO——OBE 工程模式

　　经济全球化和产业一体化导致工程教育国际化趋势日益加剧,中国工程教育在保持中国特色的同时也要紧跟国际工程前沿。CDIO(构思-设计-实施-运行)工程教育模式作为国际工程教育的最新成果,强调以设计为中心,依托产业项目,通过主动实践的教学方式帮助学生从产品的构思到产品的运行,全方位、全过程认识和了解现代工程。自 2005 年起,汕头大学逐渐认识到当前工程教育对工程人才实践能力、设计能力、创新能力等方面培养不足,并率先引进国际 CDIO 工程教育模式,开始 CDIO-OBE 工程教育改革,近年来为国家 CDIO 工程教育创新发展做出了显著贡献。OBE 教育理念和 CDIO 在形式上和精神上都是融会贯通的。在形式上,OBE 强调"预期学习结果"驱动整个教育系统;CDIO 用"CDIO 能力培养大纲"和

"CDIO 12 条标准"代表"预期学习结果"驱动课程体系、教学方法等，两者都注重对学习结果的持续评测与改进。在精神上，OBE 强调以学生为中心，提高教师期待加强师生互动，以发展学生的高阶能力；CDIO 则重视营造工程教育的人文氛围，实施以问题为导向的教学方法（PBL）、探究式主动式教学，其实质依然是以学生为中心培养学生 CDIO 能力。因此，分析汕头大学 CDIO–OBE 工程模式对于我国地方工科院校 OBE 工程人才培养模式的发展具有实质性帮助。

1. 细化学校 OBE 人才培养目标

汕头大学在深入国内外高校教师、学生、校友、用人单位等调研分析的基础上，结合办学理念及定位确定了学校培养目标和毕业要求，明确学生毕业时应达到的预期学习结果，具体如表 4-9 所示。

表 4-9　学生毕业时应达到的预期学习结果

毕业要求	预期学习结果
专业能力与技能	在工作中能有效融合和运用知识，对基础知识和基本技能的掌握达到专业领域初级水平
创新与创造能力	敢于挑战现有知识范围，尝试设计新颖解决方法
批判性思维与解决问题能力	能以分析、批判的思维方式认知、判断、处理与未来专业实践或日常生活相关问题
语言表达与沟通能力	面对不同人群，能有效运用中英文在专业或非专业事件上进行说写为主的沟通交流
终身学习与主动学习	追求专业发展和个人发展，渴望利用一切机会进行事物学习和自我学习
团队合作与人际交流	能正确认识个人在团队中的角色，承担自身责任，激励和带领团队朝目标努力；与团队成员联系密切、合作融洽
创业精神与创业意识	具有发现与探索事物的兴趣和能力，愿意不断尝试独特新颖的创意及方法
全球视野与多文化角度	积极参与国际性合作，对全球性问题具有基本的认知与理解能力，主动与各国人群沟通合作
人文情怀	对尊严、价值保持追求与关切，对传承的精神文化高度重视，对文化差异具有敏感性
社会意识和家国责任	热心社会公益活动并贡献力量，在国家、社会和专业领域中展现自身道德素质与责任感

同时，针对国内工科高校培养标准不细致的问题，汕头大学根据布鲁姆教育目标分类法定义学习结果的熟练程度，制定详细的、可检测的专业培养标准，对知识、能力和素质等预期学习结果的掌握程度提出了具体要求，以达到细化工程人才培养目标的目的。如将一级能力目标中的二级工程解决复杂工程问题能力细分为发现和表述问题（L3）、工程建模（L3）、估计与定性分析（L3）等不同程度要求的三级能力，并通过更细致的四级能力对教学环节、教学策略提出具体的意见建议，具体如

表 4-10 所示。

表 4-10　培养标准能力分解实例（机电专业）

二级能力领域	课程编码	三级能力领域	四级能力（具体实施细节）
解决复杂工程问题能力	CA2.1.1	发现和表述问题（L3）	分析数据和问题表象
			分析假设和偏差源
			把握总体目标
			分清事情主次
			制定解决方案
解决复杂工程问题能力	CA2.1.2	工程建模（L3）	根据假设将理论环境实际化
			选择并应用概念性和定性模型
			选择并应用定量模型与模拟
	CA2.1.3	估计与定性分析（L3）	估计量级、范围和趋势
			应用实验验证一致性和误差
			展示解析的一般性
解决复杂工程问题能力	CA2.1.4	带有不确定性的分析（L3）	从片面和模糊的因素中获取信息
			应用实践和序列的概率统计模型
			工程成本效益分析和风险分析
			讨论决策分析
			安排裕量和储备
	CA2.1.5	解决方法和建议（L3）	解决多元问题的具体方案
			分析测试数据和关键因素
			分析测试偏差并提出改进建议
			对方案结果进行评估并加以改善

程度标准：L1——认知；L2——理解；L3——应用；L4——分析；L5——综合；L6——评判

2. 教学活动模拟真实工作情境

汕头大学以学生为中心、结果为导向，人才培养遵循可适应原则，开放主辅修、跨学科、双学位免费修读，本科教学坚持四有"有志、有恒、有为、有品"培养，以国际化的办学标准和精细化的培养环境进行全人教育，推行小班授课将师生比严格控制在 1∶12，确保人均资源占有量。在具体教学活动中，组织学生在虚拟环境下进行团队项目开发，支持真实工程项目建设。将项目分为不同的设计层级逐级深入：在一级项目中模拟企业产品研发的全过程（C），使学生有机会把知识联系起来，应用知识并主动探取知识；在二级项目中模拟产品的构思与设计过程（D），把关联的课程知识有机结合，使学生认识相关知识群而不是单一知识点；在三级项目中模拟企业产品的制造过程（I），加强课程知识的理解，增加核心课程促进能力的培养；最后与企业建立联系，实施企业实践环节，完善 CDIO 教学过程，将项目成果运用到真实工程项目中（O），实现学校、学生、企业共赢。汕头大学致力于通过 CDIO 课程建设推进有弹性、高水平、可持续的 OBE 工程教育模式改革，并于 2016 年成立 CDIO 工程教育联盟吸引国内 100 余所各类高校加入，促使 CDIO-OBE 中国化进入新的发展阶段。

（三）工程认证——OBE 模式

近年来哈尔滨理工大学全面启动本科教学审核评估、工程教育专业认证工作，在这一过程中不断深化 OBE 人才培养模式改革，逐步强化工程特色专业建设，促使工程人才培养的质量和水平不断提高。哈尔滨理工大学作为典型的地方工科院校，研究其 OBE 人才培养模式的特点及培养经验对于构建基于 OBE 的地方工科院校人才培养模式具有实际指导价值。

1. 人才培养目标注重特色发展

哈尔滨理工大学坚持工程教育面向区域经济发展，突出为现代装备制造业服务的特色。在人才培养中秉承"崇尚实践、亦德亦能"的教育理念，致力于培养品德优良、人格健全、工程基础扎实、知识结构完整，具有较强实干精神、实践能力、创新意识和国际视野的应用复合型高级工程人才。人才培养目标立足学校多年来服务国家和地方经济发展、面向机电行业和装备制造业的特色积淀，而不是盲目地好高骛远。同时结合新的社会需求，对传统工科专业进行改造升级，不断调整各专业培养目标，进而实现学校人才培养总目标。如电气工程及其自动化专业为满足国家及地方经济建设和电气装备制造与运行或工业自动化等领域的发展需求，将人文素养、职业道德、创新精神、团队意识和可持续发展作为工程人才培养的关键要素，要求学生具有扎实的自然科学知识、系统的专业理论基础、良好的专业技术和工程实践能力，并具备工程设计、技术开发及综合运用所学知识与现代信息技术解决复杂工程问题的能力，培养从事技术开发、工程／产品设计、系统运行、技术管理等工作的应用工程人才，并对本专业的特点及培养要求进行了详细的分析。

2. 以工程专业认证促进 OBE 工程教育改革

2016 年我国成为《华盛顿协议》正式成员国，国内工程教育专业认证也日益受到重视。《华盛顿协议》中各成员国大多采用学习成果导向的认证标准，中国工程教育专业认证协会（CEEAA）也提出了对毕业生学习结果的要求。作为地方工科院校，哈尔滨理工大学敏锐认识到工程认证对于提高地方工程教育质量的重要性，于 2014 年启动工程教育认证工作，历时一年半完成校内自评工作，并组织专家深入学院现场考察，定期公开学校教育质量信息，接受社会各界监督，以培养厚基础、强实践、有责任、勇创新的各类专门人才。在近年来的工程认证发展过程中，学校坚持将专业作为人才培养的基本单元，通过建设一流专业助推"双一流"建设，以专业认证工作为抓手，形成了建设一流本科的思想自信和行动自觉，积极推动学校工程教育内涵式发展，使"学生中心、成果导向、持续改进"的理念深入师生群体。同时不断通过达成度评价破解本科教学深层次问题，促进 OBE 工程人才培养模式改革，形成了"反向设计、正向实施"的 OBE 闭环持续改进系统，如图 4-9 所示。

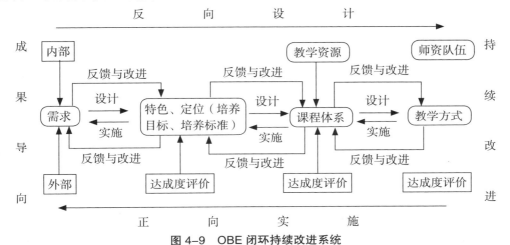

图 4-9　OBE 闭环持续改进系统

哈尔滨理工大学面向国家及区域经济发展的新需求，结合理工类办学的优势经验，确定了为现代装备制造业服务的办学特色、应用型工程人才的培养定位；坚持立德树人的宗旨和校企协同育人的原则，依据产业行业标准、工程专业认证标准制定学校人才培养目标和专业培养标准；建设由人文、社科、经管类、电类专业，核心、必修、选修专业课程组成的课程体系，部分课程利用实验室、实践实训中心进行现场授课，逐步推行小班授课制；探索推行基于问题的探究式教学、基于案例的讨论式教学、基于项目的参与式教学和"做中学"等多种旨在提高教学有效性的方法；改革学业考核方式，不断实践课业的形成性考核，学业考核由注重知识向注重能力及综合素养转变。

二、国外工科高校 OBE 工程人才培养模式

（一）"欧林三角"模式

美国高等工程教育长期以理工为主流的教育模式带来工程从业数量和质量上的发展桎梏，由于自身成熟的结构和发展的惯性，有声望的理工类研究型大学很难真正、彻底地进行教育改革。因此，1997 年美国科学院、工程院及欧林基金会等共同推动建立了一所以本科教学为主的新兴工科院校——富兰克林·欧林工程学院

（简称欧林工学院）来推进工程教育改革试验。欧林工学院基于美国多年来工程教育实践经验开始工程教育改革，虽未明确 OBE 的工程人才培养模式，但在具体的工程教育中坚持以学生为中心，考虑教学要促进每一位学生的独特发展等完全符合 OBE 教育理念的特点，且学校毕业要求与围绕预期学习结果的 ABET 认证标准基本一致。研究欧林工学院工程教育改革经验能够为地方工科院校构建 OBE 人才培养模式提供一定借鉴和参考。

1. 基于 EC2000 的人才培养目标

欧林工学院在成立之初就致力于面向新型产业需求培养能够适应复杂工程环境的杰出工程创新人才。学校认为，工程不单是把设计理念具体化形成产品原型的狭义过程，而应当是把理念形成背景和产业需求认识加入工程活动的环节中，包括从需求到产品的广义过程。因此，基于 ABET EC2000 中的工程认证通用标准，欧林工学院确定了广义工程教育培养下工程创新人才应达到的 9 条标准，具体如表 4-11 所示。

表 4-11　欧林工学院人才培养标准

序号	培养标准（预期学习结果）
1	应用工程和其他学科知识定性分析、解决问题的能力（预测、估算等）
2	应用工程和其他学科知识定量分析、解决问题的能力（实验、计算等）
3	在团队（包括跨学科团队）活动中履行责任，有效联合队员开展活动能力
4	运用语言（口头、符号语言）与不同对象有效沟通交流、信息传递能力
5	准确定位自身教育需求及发展规划，终身学习的能力
6	遵守自身职业道德，理解工程（文化、社会）背景的能力
7	创造性地解决工程实际问题的能力
8	在复杂工程环境中确定问题、形成假设、提出方案的能力
9	评估机会的风险和成本，做出合理发展选择的能力

欧林工学院的人才培养标准与 EC2000 的 11 条通用要求基本对应，包括运用数学、科学和工程学知识的能力，设计和实施实验、分析和解释数据的能力，跨学科团队中发挥作用的能力，有效人际交往的能力等。其中，第 9 条"评估机会的风险和成本，做出合理发展选择的能力"相较于 EC2000 标准更突出地体现了欧林工学院将工程教育与商业、企业创新教育融合的教育特色。

2. 创新"欧林三角"的课程体系

欧林工学院工程教育改革突出强调"学生中心、做中学和跨学科"的工程博雅教育，坚持课程定期深层次回顾，不断进化更新课程体系，在不延长四年制学习时限的前提下，变革课程形式和教学方法，以增加课程对知识、能力和素养的承载量，形成了极具创新特色的"欧林三角"课程体系，具体如图 4-10 所示。

图 4-10　"欧林三角"课程体系

工程博雅教育没有系更没有学科，采取真正的"跨学科"教学，把工程教育与社会实际联系起来，避免割裂式课程。"欧林三角"中坚实的工程基础课程对应学生应掌握的专业知识和技能，商业企业类创新课程对应社会产业发展需要，人文社科艺术类课程对应社会文化环境，三角通力合作构成完整的工程教育课程体系。依据加德纳多元智力理论提出学习轴和学习频谱的概念，运用完整的工程学习频谱来实现立体的广义工程教育，如开发自然科学－人文社科学习轴，通过数学分析和实践课程培养数理逻辑智力和语言智力，通过创造设计类课程培养空间智力、运动智力和音乐智力等，多条学习轴共同培养学生的多元智力，形成完整的学习频谱。加德纳认为个体在实际生活中具体展现的智能组合是各种各样的，而欧林工学院的课程改革充分做到了"以学生为本，为了每一位学生的发展"，每一个人都可以在四年的课程中得到不同的发展，形成具有特色竞争力的完整智力频谱。

此外，欧林工学院批判阶段划分严明的电类专业教学、专业基础教学、实践教学三个阶段的教学，不主张学生在电类专业期间完全远离真实工程，大一、大二学年也应开设工程类课程。提倡通过类似"表现艺术"的方式，"先经验后理论"使学生对于工程专业先形成初步的认识和兴趣，再逐渐深入专业化理论教学，通过 PBL 的方式提高学生的社会敏感度、推动学生在团队项目中超越学科界限、主动学习。

（二）"通专结合"模式

法国是最早出现学校工程教育，将工程师视为一门精英职业高度重视和认同的国家。早在 18 世纪，在国家、企业、个人的共同努力下，法国便陆续建立了各类工程师学校，培养高素质应用型技术人才为特定职业服务，如 1747 年创立的第一所工程师学校——国立路桥学校，1974 年创立的巴黎综合理工大学。相较于一般的大学，工程师学校属于典型的法国式精英教育，专业性更强，更加注重理论与实践的结合，重视与企业合作进行多层次的实习训练。地方工科院校办学特色的形成依赖于区域经济和产业发展现状，其工程人才培养必须面向产业落实供给侧改革。借鉴法国工程师学校校企合作经验对于地方工科院校 OBE 人才培养模式具有借鉴指导意义。

1. "强基础、重实践，通专结合"的教学模式

法国工程师教育普遍采用五年教育学制，工程师教育分为两个阶段：两年工程师通用预科阶段和三年工程师专业培养阶段，具体如图 4-11 所示。通过两年涵盖多学科理论和实践的预科教学，使学生掌握丰富扎实的数理基础科学知识和基本的跨学科人文素养，培养学生的创新思维和抽象逻辑思维，拓展学生的团队协作能力和国际视野，树立学生的社会责任意识和自主实践意识。在学生具备深厚的数理基础后再进行深入、系统的工程师专业培养，学生会很快由浅到深地掌握工程专业知识。为了提高学生的适应性，使其在进入不同工作岗位后迅速适应知识技术创新和产业结构更迭，学生在三年专业培养期间需要参加三种企业实习：第一种是观察式的，一年级的实习要求学生作为普通工人进入工厂了解企业基本状况；第二种是实践式的，二年级的实习要求学生作为技术员在工厂中主动实践；第三种是工程式的，三年级的毕业实习要求学生作为工程师在企业中完成具体的工程项目。

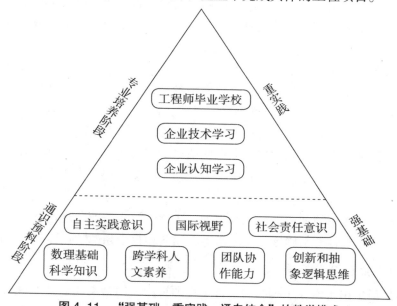

图 4-11　"强基础、重实践，通专结合"的教学模式

法国工程师学校自诞生以来一直保持着精英式的办学定位，工程教育环境无限接近实际产业环境。在法国工程师学校，大多数工程师学院都下设了与本专业相关的工程企业，拥有与专业相适应的工作车间和实验室。企业技术人员参与教学，学生通过企业实习参与企业管理及生产，学校与企业共同制定课程，教学的内容也都

是为企业量身定做的，学校根据企业需求和市场需要不断调整课程计划，为学生的个性发展创造平台。

2."以学生为中心"的教学方式

法国十分重视工程师的实践培养，在工程师学校中，由专业基础扎实、实践经验丰富的教师来主讲实验课是十分常见的事情。实验课不同于一般的理论课，更需要教师具备多年的实践经验和严谨负责的态度，能够在课堂中根据实际情况及时调整实验内容。与我国"先讲解后示范"的教学方式相反，学生依据讲义先动手实验，实验讲义只涉及实验背景、实验内容的基本介绍，具体的实验方法和实验步骤需要学生主动探索，在实验过程中遇到问题再寻求教师帮助，最后教师就学生遇到的普遍问题进行集中讲解。这一教学方式鼓励学生"从做中学""从做中思"，无形中提高了对学生自主实践能力的要求，使学生在自主实践中加深对实验问题的理解，强化理论与实践的结合，从而成为创新型、思考型、主动型应用工程人才。

同时，教师会要求学生当堂完成一份课堂报告，引导学生深入思考、领悟实践过程中应掌握的知识，鼓励学生分享成功和失败的经验教训。即使实践结果与标准不一致，但只要学生能观察分析实践错误的原因并做出合理的解释，彰显其严谨的科学态度和刻苦的钻研精神，依然可以得到教师充分的肯定。学生在这样"以学生为中心"的教学方式中，既掌握了正确的实践知识又重视了实验过程，易激发学习的主动性和积极性，养成动手实践的能力和严谨踏实的科学态度。

三、借鉴启示

通过对国内外典型工科高校 OBE 人才培养模式主要特点的分析，我们不难发现，虽然国内外工程环境、社会背景不同，但其 OBE 工程人才培养模式改革都是在结合国际发展趋势、继承自身发展历史的基础上，适应时代和社会发展的结果，呈现一定的共同性和规律性，形成了一个独特的 OBE 圆环，具体如图 4-12 所示。这些规律性的特点为我国 OBE 电类专业人才培养模式改革提供了一定的借鉴启示。

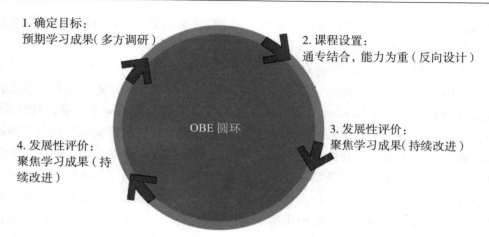

1. 确定目标:
预期学习成果(多方调研)

2. 课程设置:
通专结合, 能力为重 (反向设计)

OBE 圆环

3. 发展性评价:
聚焦学习成果 (持续改进)

4. 发展性评价:
聚焦学习成果 (持续改进)

图 4-12　OBE 人才培养圆环

（一）需求导向，培养目标贴合办学定位和社会实际

在确立培养目标时，各高校不仅结合自身办学定位和发展历史，而且都充分与企业、教师、校友、专家等进行沟通，以社会及学生需求为导向开展多方调研，使培养目标明确指向预期学习结果，并在参考国际通用标准和社会实际的基础上细化培养目标，形成大致由知识、技能和素质三个部分组成的具体培养标准，基本包括基础知识、专业知识、国际前沿知识、家国意识、生态意识、职业道德意识、工程实践能力、终身学习能力、团队合作能力、创新能力、解决实际问题能力等方面，在具体细节上则体现不同学校的办学特色。

（二）反向设计，课程设置合理且注重实践环节

各高校根据培养目标和培养标准反向设计课程体系，每一门课程都对培养目标有切实的促进作用，每一个目标都能在课程体系中找到相应的课程予以保证和实现。整体上课程设置更加合理、课程体系更加完善，基本摒弃了以往重理论的课程倾向，在课程选择上加大了实践课程及其他专业课程的比重，且普遍关注新工业革命背景下一体化的产业倾向，广泛开设人文社科类、现代信息技术类及跨学科电类专业，培养的电类人才普遍工程基础扎实、实践能力突出。此外，各高校定期（最多五年）进行课程修订、及时更新课程体系，以保证课程体系适应社会发展实际。

（三）以学生为中心，教学方式着眼于学生个性全面发展

采取 OBE 电类专业人才培养模式的高校在选择教学方式时充分以学生为中心，教学考虑怎样让每一位学生都能得到实际的提升，而不是只看一张略显苍白的成绩单。在教学过程中教师普遍采用启发式教学，创造一定的条件让学生独立自主地探索、发现、分析和解决问题，使每一位学生都能够通过自身努力在学习过程中感受

到成功带来的满足感。教师在教学中充分信任学生，了解和尊重学生的个体差异、因材施教，从而使学生在整个学习过程中都感到安全和自信，充分显露自己的潜能，提升个性创造力和自主实践能力，不断朝着自我实现方向发展。

（四）立德树人，全面提高师资队伍素质

各院校根据新工科建设需求，落实立德树人的根本任务，对师资队伍的专业理论基础和工程实践能力提出了更高的要求，指导电类专业教师回归本科教学，做课程教学的建设者和开发者。一方面为了应对全球经济一体化趋势，各高校要求电类专业教师定期参加国际交流会和教学研讨会提高教师的国际视野和各项专业技能；另一方面定期选派教师进厂参观考察，使教师了解产业前沿动态、提高实验操作水平，接纳企业工程师开展师资培训讲座或进校讲授实践课程。全面提高师资队伍的素质，将理论与实践紧密结合，避免教学只重理论倾向或重实践的倾向。

（五）持续改进，促进评价体系多元发展

OBE 电类专业人才培养模式下，各高校逐渐完善自身的评价体系。对以往过于关注学生成绩的单一评价方式进行了调整，采取质性评价为主、量性评价为辅，关注过程性评价，多种评价方式并存的多元评价体系，充分发挥评价促进学生发展、改进教学实践、提高教学质量的作用。在评价时给予学生多次机会，综合应用多种方法，重视考查学生分析、解决实际问题的能力，打破了唯成绩论的传统评价方式。根据预期学习成果，在促进学生学习的过程中，每个学生都可以有自己独立的发展步调，评价坚持"小步子"原则，及时反馈、持续改进，促使学习者向学习成果迈进。

第三节　OBE 教育理念下电类专业人才培养模式的改进策略

在调查现今电类专业人才培养存在的问题，并分析典型 OBE 工程人才培养模式案例特点的基础上，职业院校应以预期学习结果为导向，从培养目标、专业建设、培养标准、课程体系、师资队伍、教学方式和评价体系等方面驱动整个电类专业教育系统的 OBE 人才培养模式改革，总体思路如图 4-13 所示。

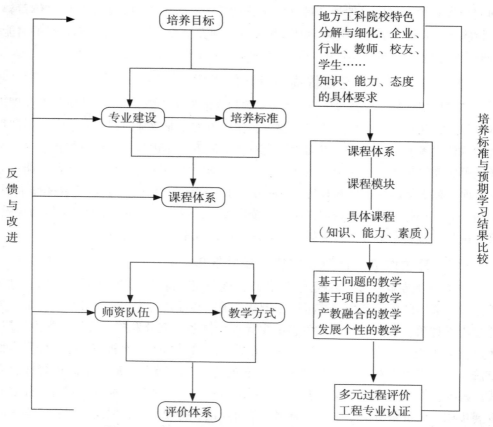

图 4-13 OBE 电类专业人才培养模式改革的总体思路

一、成果导向：明确培养目标，加强专业建设

（一）培养目标向成果导向转变

电类专业教育在不同层次的学校中，其教学资源、办学层次、办学特色、服务面向等方面都具有不同的特点，培养目标也必然有鲜明的区分。在新工科建设背景下，职业院校必须明确自身的工程教育定位，区别于高水平工科大学，人才培养目标由"知识导向"的外部需求转变为"成果导向"的内部需求。树立服务面向区域经济发展的观念，将培养适应社会需要的高素质应用型工程人才作为总的培养目标，并在全校范围内达成广泛共识。

同时，为满足行业问题的复杂性和工程人才需求的多样性，电类专业人才培养目标需要进一步地明确、细化和定期修订，制定与预期学习结果一致的培养标准，以反映不同院校间的培养特色和办学定位。各院校要充分挖掘自身在教育教学、科学研究、社会服务、文化传承等方面的优势和特色，准确把握区域产业实际需求及变化趋势。制定专业培养标准时要在国内外相关学校、专业间开展广泛调研，加强与企业、行业、教师、校友、学生等利益相关者的联系，参考 ABET、FEANI、CEEAA等通用标准，从知识、能力、素质等方面提出详细可检测的工程人才培养标准，并赋予具体的实施准则及掌握的程度水平。具体如表 4-12 所示。

表 4-12　OBE 导向的人才培养标准

一级目标	二级目标	三级目标	四级目标
知识	自然科学基础知识	数学、物理等基础科学知识	根据不同学科要求拟定具体掌握程度及可能的实现途径（毕业要求指标点＋掌握程度）
	人文社科基础知识	了解中国历史发展脉络；具有一定艺术修养和欣赏水平；专业必须的文化基础知识和有关法律法规内容	
	现代信息技术知识	计算机、互联网等现代信息技术知识	
	工程专业知识	专业基础知识；核心工程知识	
能力	终身学习能力	确定自身发展需求；分析自身优势与不足；主动改变环境；不断学习进步	
	工程实践能力	应用专业知识及现代技术工具等进行工程实践	
	综合知识运用	灵活运用交叉知识的综合视野与方法	
	分析解决问题	综合运用认知、数学、艺术、工程等思维方式分析、归纳、解决工程实际问题	
	团队协作管理	明确团队目标及个人责任；管理带动团队共同达到目标	
	语言表达沟通	掌握一门外语；运用语言与人有效沟通，合理表达意见	
	批判创新思维	多角度创新思考，面对挑战能提出新的有效解决方案；质疑常规、推动变革，直至障碍排除	
素质	家国情怀	坚定的政治信仰和爱国情怀；遵守社会公德，具备社会责任感	
	国际视野	了解除中国以外的其他文化；关心专业发展国际前沿	
	职业伦理道德	诚实守信，具备良好的职业道德和工程伦理意识	
	生态意识	基本生态知识；在解决专业问题时考虑生态要求；积极宣传生态环保	
	身心素质	健康卫生状况；心理适应与调节；个人品行	

（二）加快传统工科专业改造升级

第四次工业革命浪潮下，"互联网＋"的新业态推动催生了经济社会发展的新形态，产业结构和社会需求都发生了巨大变化，现代信息技术也影响着从产品设计、产品生产、产品服务到经营管理在内整个产业链的集成创新，推动着传统行业产业的升级。职业院校要抓住这一历史机遇，紧跟新技术革命的发展步伐，推动电类专业教育范式向融合创新转变，在 OBE 教育理念指导下，加快传统专业改造升级，加强电类专业内涵建设。

"十三五"规划纲要指出，要深入贯彻落实《中国制造 2025》行动纲领，逐步推进现代信息技术与智能制造深度融合，提高制造业的创新、绿色、服务内涵，创造新的制造业竞争优势。在新的历史时期，电类专业要在保持自身专业特色的基础上，不断促进以"机电、电气、电工、电子"为主的传统电类专业的改造升级，突破以往学科专业的界限，优化专业整体布局，加大校内学科专业交叉融合，逐步扩大和深入电类专业的内涵，解决区域内产业发展的新课题。在这一过程中，电类专业需本着以学生为中心的原则，坚持以提升学生能力、促进未来发展为核心，在专业动态调整中满足社会经济产业需求及学生职业发展需要。传统电类专业的改造升级不可能一蹴而就，需要学校联合全校领导、师生、相关学科专业及校外专家、企业、行业、科研院所等共同努力，才能加速形成电类专业动态调整机制。

二、产业驱动：更新课程体系，调整课程内容

（一）增加实践课时比重，完善模块化课程体系

课程体系作为人才培养的主要载体，是依据学校人才培养目标而构建的有机课程整体，各个部分课程之间应相互独立又相互关联，从知识、能力、素质三个方面共同作用于预期学习结果。针对目前电类专业课程结构过于注重理论课程，与新时代高素质应用型电类专业人才的培养目标存在较大偏差的问题，学校需要突出实践课程的课时比重，形成由电类专业、专业理论课程、专业实践课程和能力拓展课程等模块构成的完整课程体系。使课程体系能够在满足培养目标、培养标准的同时，反映学科专业领域的继承与发展，体现学生的主体价值，突出学校的办学优势与专业特色。

电类专业要通过模块化的课程体系科学合理地配置各学年、各学期必修课与选修课的课时及学分比例，重视实践类、实验项目类和创新类课程，每一门课程都要对学生知识、能力、素质等方面的预期学习结果有确定的贡献，以共同实现学校的培养目标和培养标准。同时，即使培养目标表述不变，课程体系也要针对外部环境变化和区域经济发展要求及时调整和更新，确保课程体系反映新时代学科专业的交

叉性和综合性，使课程体系既体现对传统工科专业的继承，又涵盖最新的专业前沿知识。课程体系必须根据学生特点帮助学生选择恰当的课程模块和个性化学习方案，允许学生在修完规定必修课程后自主选修其余课程。此外，课程体系还要反映电类专业人才培养的优势与特色，将学校的教育理念、服务区域经济人才培养的目标，以及学校的办学优势与行业背景贯穿于显性或隐性的课程之中。

（二）优化课程组织形式，丰富综合性课程内容

学校除了要完善模块化课程体系，课程的组织形式与课程的具体内容也要进一步地优化和更新。单一的课程组织形式和纯理论性的课程内容不利于提高学生实践能力，不能满足企业的实际需求，也不利于提升学生现实社会的适应能力。电类专业要以开放的姿态包容多元化的课程组织形式，课程内容涉及学生知识、能力、素质等方面的综合发展。

一方面，为了避免课程过分追求学科知识体系的逻辑性、系统性和完整性，电类专业要打破原有单一的分科课程组织形式，加入强调学科间关联性、一致性和连贯性的跨学科综合课程，培养学生对工程实际问题的整体认识，探索综合性解决方法。通过相关课程、融合课程、广域课程和核心课程等多种形式的综合课程体现社会文化或学科知识紧密结合的区域产业发展需要，减少科目繁多的课程内容。此外，运用现代信息技术，打造线上线下精品课程，避免课程资源重复建设。以国内外同类院校作为主要借鉴对象，利用线下精品课程的形式把握电类专业教育的发展方向及社会需求的动态变化，通过 MOOC 等方式引进线上精品课程与国际国内工程前沿接轨，拓宽学生的工程视野。

另一方面，电类专业要以实用、够用为原则在精简非必要课程内容的同时丰富综合性课程内容，提高课程内容的工程性和实用性。首先，精选应用型人才所需的人文与社会科学课程，培养工程人才健全的人格和良好的素质。对于这些课程内容也要尽可能地在其中加入工程元素，不断提高人文社会科学课程与电类专业的融合度，使学生真正感悟人文社科知识在解决电类专业问题中的独特作用。其次，依据区域工程实际问题确定部分课程内容。按照企业工程项目和实际工程案例组织课程内容，不断吸纳工程前沿知识，将理论知识与社会实际紧密结合，突显专业理论知识的实用价值，使学生在实践课程中提高信息获取和分析能力，并能有效应对和解决现实社会复杂工程问题。再次，丰富创新能力拓展类课程内容，满足学生的个性需求。通过设置实践类和创新类的自主课程项目，学生在教师指导下"兴趣驱动、自主实践"，充分发挥主观能动性，提高学生知识的综合应用和实践创新能力，帮助学生选择自身的发展方向和发展路径，真正实现以学生为本，以提高学生能力为本的终极目标。

三、能力本位：改革教学方式，重视学生中心

（一）基于问题的探究式教学，发展学生创新思维

电类行业工程师不仅要具备扎实的专业基础知识，还要具备敏锐的思维能力，能够全面地思考工程问题，对可能产生的结果进行预判。基于问题的教学正是将工程问题作为教学切入点，通过创设问题情境或分析典型案例的方式，激发学生的探究精神和创造性思维。将学生置于未来职业生涯可能遇到的问题情境中，给予他们创新和创造的空间，使学生在工程问题情境中产生矛盾，进而分析提出必须解决的问题，并利用教师所提供的材料做出解答的假设，最后通过理论和实践不断检验和调整自己的假设，得出可靠的结论。此外，在课堂教学之余预留一定课时，鼓励学生以小组为单位，解决一些与现实生活极为贴近的工程问题，或是对一些有趣的课题提出创新性、建设性的想法，提高学生的批判精神和独立思考的能力，促进学习的有效迁移。工程问题本身就是专业基础知识和工程核心知识的高度融合，基于问题的教学能够有效地促使学生生动活泼地掌握知识，加深对工程理论知识的理解，提高获取工程知识和分析解决实际工程问题的能力。

（二）基于项目的参与式教学，强化学生主体地位

当前电类专业的教学更多是基于分科课程，依据知识的逻辑体系进行的，这就人为分裂了学科专业间的内在联系。现今应用型人才除了要具备电类专业基础知识、实践操作能力和现代信息技术外，还必须懂得有关经济、管理、法律、人文、社会、环境、工业生态等方面的知识，保证电类专业教育有效促进区域经济可持续发展。基于项目的教学就是在教学中以教师为主导，以学生为主体，师生共同策划完成一个具体、完整、具有实用价值的工程项目。这种教学方式能够根据学科的专业特点，通过多种类型、多个层次、互动交叉的科研实践项目，充分挖掘和整合实验实践类项目课程资源，项目负责人可以由不同学院教师担任，项目组成员也不局限于本专业学生。同时，项目针对不同学生个体设置不同的难度系数，每个人在项目中承担不同的责任和任务，任务间具有较强的关联性，必须通过广泛交流、通力合作，综合应用所学知识、技能才能完成预期项目目标。此外，在项目实施过程中创造机会帮助学生自主设计并实施项目方案，学生可以在规定时间内单独立项、自行组队展开活动，但必须有明确具体的成果展示。

基于项目的教学除项目成果外，更加注重师生共同完成整个项目的过程，使每一个人都能参与其中，进行创造性的实践活动。这一过程不仅能强化学生的主体地位，还能培养学生的学习兴趣和自信心；不仅能促进跨学科的文化交流，还能提高学生的知识整合能力；不仅能发挥教学的实用价值，还能锻炼学生的团队合作能力。

（三）产教融合式教学，鼓励实践、引导就业

职业院校培养的应用型人才与区域企业息息相关，推进产教融合式教学是职业院校推进电类专业人才培养供给侧改革的迫切要求，能够有效促进人才链与产业链、创新链的有机衔接。产教融合式教学将学校与企业紧密联系，通过企业实习机会和校企实践平台，企业为学生实习或实践提供先进的技术、仪器、设备等资源，学校与具有丰富工程实践经验的企业工程师一起设计和完成教学内容，共同推进"中国制造 2025""互联网 +""一带一路"等国家战略和倡议的实施。

职业院校应在电类专业人才培养期间至少组织三次不同层次的企业实习或实践，企业见习、企业轮岗实习和工程师毕业实践。在实习或实践过程中利用真实的工程实践环境鼓励学生"从做中学"，企业或指导教师先大致介绍实践操作流程，再由学生动手实践，最后针对学生实践中遇到的问题进行个别指导和集中讲解，让每一个学生都能在实践中感受到成功的喜悦。通过产教融合式教学将理论与实践紧密结合起来，加深学生对于理论的理解，增强学生的学习迁移能力。同时，学生以不同的身份三次进企实习，从具体工作做起，逐步了解地方企业和区域经济的需求情况，既让学生熟悉了企业，也让企业了解了学生，有利于加强校企合作，促进学生就业，减少学生从学校向社会过渡产生的不适应感，促使学生在毕业后更快地适应工作环境，根据市场需求的变化，顺利地从一个技术领域转向另一个技术领域，解决区域产业现实工程问题。

（四）多元化教学方式，促进学生个性发展

随着电类专业知识体系更新速度的加快，区域产业的多元化和多变性对应用型人才提出了更高的要求，电类专业人才通过终身学习不断适应社会经济的发展需要。在这种形势下，电类专业教育必须改变传统理论灌输式教学，拓宽教学的方式方法，根据不同的课程内容和培养需求，灵活选用多元化的教学方式，促进学生全面而个性的发展。除了 PbBL、PjBL 和产教融合式教学外，学校还可以采用 MOOC、翻转课堂、社区服务、创新拓展等多种教学方式，以学生为中心，鼓励学生在教师指导下自主学习，形成个性化学习方案，进而培养和挖掘学生的研究兴趣和个性潜质，激励学生主动探究、求质创新。同时，根据学生认知发展规律和人才培养经验有效组织教学，在与国内外相关高校及地方科研院所合作中不断满足学生个性发展的需要，拓宽学生的工程视野，促使学生保持持续的工程学习和科学研究热情。

四、双师双能，优化教师队伍

（一）全面提高电类专业教师素质

电类专业教师队伍的整体素质在一定程度上决定着人才的培养质量。以信息化

为主的新型工业化道路需要大量高素质应用型人才的参与，他们除了要具备电类专业知识和专业技能外，还必须具备良好的团队协作和组织管理能力，能够处理好区域经济发展与工程教育、产业变革和生态环境间的关系。职业院校作为应用型人才的培养主体必须全面提高教师的整体素质，建设一批具有坚定理想信念、先进教育理念、广阔扎实学识、丰富实践经验、良好教育能力和职业责任担当的高水平教师队伍承担工程教育重任。

一是要拓宽引才视野。加强与国内外知名高校、科研院所的联系与合作，谋划引才工作办法和具体途径，积极引进国内外高水平工程人才，聘请专家学者来校讲学。二是要优化激励机制。以品德、能力、成果为导向，深入推进教师分类管理，建立一套科学合理、适合院校发展特色的教师评价和激励机制。三是要加大校内培训力度。成立教师教学发展中心，设计多维度、多层次的教师培训计划，定期组织教学演习、教学观摩和经验交流，全面统筹教师的教学能力和教学水平培训。完善新进教师导师制度，由专家教授传、帮、带，提高工科新进教师素质。四是要积极开展校外培训。有针对性地聘请国内外专家学者在校内开展相应的培训活动，提高教师的专业素质，开阔教师的知识视野。通过高校进修及教学研讨会，组织优秀教师外出培训访学。五是要组成教师教学团队。分工合作、优势互补，协同提升教学效果和培养质量，促进教师教育教学能力的提高和专业的发展，增强教师的团队观念和合作意识。

此外，作为电类专业教师要将教书育人作为自己崇高的事业，树立以学生为中心的教学理念，自觉主动地提高自身素质，保障教学精力的投入。在持续更新的电类专业知识背景下不断扩大自己的知识面，掌握本专业领域的专业知识和国内外工程发展前沿，了解相关的技术标准、政策和法律法规，熟悉信息技术、经济管理、人文社科等相关学科专业领域的基本知识，关注与本专业领域相关的战略性产业的兴起和发展，将知识面拓展到除课程教学外的更大范围。结合区域经济发展需要改革教学方式和人才培养模式，运用恰当的教学手段组织教学活动，使学生知识、能力、素质得到全面提高。

（二）"双师双能型"教师队伍建设

随着新工科建设步伐的加快，电类专业教育日益呈现实践性、集成性和创新性的特点，教学实践更是电类专业应用型人才培养的重中之重。然而，目前职业院校普遍存在电类专业教师过于追求理论研究成果，缺乏和忽视工程实践经验的问题，严重影响了教育的质量。电类专业本身就是一个强调实践的学科，电类专业教师需要具有较强工程实践经验和技术操作能力。丰富的实践经历不仅能使教师牢固掌握电类专业的基本概念和基本原理，熟练运用实践思维分析和解决各种复杂实际问题，还能使教师在课程体系建设、课程内容选择、教学方法选用等方面更好地从应用型人才培养方面入手，避免理论教学严重脱离工程实际。

"双师双能型"教师除了要取得相关教师资格，还必须具备扎实的理论基础、熟练的技能技术和丰富的实践经验。因此，职业院校必须加快建设"双师双能型"教师队伍，保障应用型人才的培养质量。一方面，职业院校可以采取有效的激励措施，如工资福利和晋升机制等，提高专职教师丰富工程实践经历的积极性。支持专职教师进企挂职或顶岗工作获得企业工程实践经历，鼓励专职教师参与实际工程项目和校企合作项目，从而使专职教师熟悉工程现场的运作方式和管理模式，了解先进工程设备和技术的使用规范，掌握解决实际问题的有效途径，积累丰富的实践经验。另一方面，除专职教师外，学校可以面向社会、行业、企业聘请经验丰富、理论扎实、技术过硬的高水平专家和工程师担任兼职教师，指导学生工程实践和工程训练。组织专职教师和兼职教师沟通协调、定期研讨，专兼教师共同组成学校"双师双能型"教师队伍，联合指导学生学位论文和毕业设计。这样既能提高专职教师的实践性和技术先进性，又能提高兼职教师的教育理论水平和教育教学能力。

五、持续改进，建设学生评价体系

（一）重视多元过程评价

学生评价作为工程教育中的一项常规工作，对于促进学生发展、提高工程教育质量至关重要。显然，简单采用传统书面考试的方式对学生进行评价无法准确衡量不同类型课程教学中学生的学习效果，尤其是实验和实践类课程。因此，电类专业必须建立方法与主体多元的评价体系，注重过程性评价与总结性评价相结合，突出过程性评价，运用不同的方法促进学生对于知识的综合应用和多种能力的养成。

首先，评价要始终以学生为中心，以学生的发展需要和区域经济发展对应用型人才的要求为依据确定评价的标准，进而围绕标准的不同构建多元过程评价体系。评价标准在强调学生共性和教学规律的同时，更要关注学生间的个性差异和自身特色。其次，针对不同的评价标准要选择不同的方法以获得准确的评价结果。摒弃只凭一张试卷评定成绩的方法，灵活地采取课堂问答、实验报告、实践技能操作测试、闭卷考试等多种方式，从多个角度对学生进行全面考查。除总结性评价外，注重学生在各个阶段取得的进步和付出的努力，给予学生多次机会，充分发挥过程性评价促进学生能力发展和引导教学活动的功能。再次，不同评价主体的视野、角度和关注点不尽相同，针对同一教学活动中学生的表现可能给出不同的评价结果。由教师、学生、企业、专家等多元评价主体共同对学生的学习进行评价，可以使得评价结果朝向客观、公正和全面的方向发展。尤其要重视学生自评，充分发挥学生的主体作用，引导学生自我认识、自我改进和自我提高。最后，评价内容要综合反映学生的能力，重视对学生实践能力、创新精神、终身学习、团队合作等综合素质的考查。将学生能力的培养作为学生评价的核心指标，不断提高应用型工程人才的培养质量。

（二）引进工程专业认证

工程专业认证是针对工科教育的一种合格认证，是检查电类专业教育是否符合工程认证标准，找出存在的问题并及时加以改进，促进工程教育发展的一项有效举措。引进工程专业认证，正确把握电类专业教育专业认证的理念、内容对于电类专业应用型工程人才的培养至关重要。

工程教育专业认证坚持"以学生为中心、目标导向、持续改进"，针对学生的预期学习结果，从工程知识、问题分析、设计 / 开发解决方案、研究、使用现代工具、工程与社会、环境和可持续发展、职业规范、个人和团队、沟通、项目管理、终身学习等方面提出了 12 条通用标准。电类专业必须引进工程教育专业认证，在校内建立工程教育持续改进机制，依据 12 条通用标准进行学生评价和教学改革。除学校内部外，还应联系社会有关各方共同参与学生毕业要求达成评价，对预期目标的达成情况进行定期分析。借助对学生预期学习成果的评价，及时发现教学中存在的问题和不足，进而提出有效的改进建议，构成持续改进的运行闭环。同时，院校及其师生员工要树立特色意识，明确特色就是优势，就是院校发展的核心竞争力，在改进和完善教育教学质量的过程中，注意和挖掘可能形成办学特色和人才培养特色的要素，提高电类专业应用型人才的培养质量。

第五章 OBE 教育理念下电类专业实践教学评价研究

第一节 OBE 教育理念下电类专业实践教学评价的原则与特点

一、OBE 教育理念下电类专业实践教学评价的原则

成果导向教育理念有三条基本的原则，这三条基本原则也是成果导向教育理念的核心要义所在。它们分别是：学生中心、成果导向、持续改进。这三条原则贯穿基于学习成果的电类专业实践教学评价全过程，对这一活动起指导作用。

（一）坚持学生中心

学生中心是成果导向教育理念中最具贯穿性和指导性的原则，具体含义包含以下四点：一是认为每一个学生都能成功；二是从学生的实际情况出发；三是从学生的发展潜力出发；四是摆脱时钟和日历，以学生学习情况为进度与节奏安排的依据。

"认为每一个学生都能成功"为教学活动的开展定下了积极的基调，人人成才作为教育的奋斗目标激励着教师们开拓创新，正是因为每一个学生都能够成功，所以给教学活动的成功提供了绝对的可能性。"从学生的实际情况出发"能让教师更好地明确教育的起点，在对学生现有的知识结构、能力水平有准确认识的基础上，做好教学准备工作。"从学生的发展潜力出发"是建立在前面两点基础之上的，做好了前面两点能够帮助教师判断学生的发展潜力所在，教师由此因材施教来激发学生的发展潜力。"以学生的学习情况"作为教学节奏与教学进度的安排依据，在学生学习薄弱的环节放缓进度以帮助学生消化吸收，摆脱依据时钟和教学日历完成教学进度带来的机械性。学生中心不同于以往教师中心的思想，重视学生、尊重学生，教师和学生处于平等的地位，学生在教学过程中始终处于被优先考虑的地位。教师不再一味是知识的传授者，而是围绕学生开展教学活动、教学生学会学习的促进者。

（二）坚持成果导向

成果导向是基于学习成果教育理念中最能体现理念特色与创新性的原则，具体

含义包含以下三点：一是成果设计面向未来，为未来做准备；二是以学习成果为导向，进行反向设计；三是追求质量与成效，而非外在条件达标。

成果设计面向未来，为未来做准备，要求教育者在进行教学成果设计时既需要考虑先前的经验，做好已有的知识经验的传授，又需要对当前的社会需求进行调查了解与判断，对接下来社会发展中所需人才应具备的知识与能力进行预判，再将这些知识与能力进行整合，设计为成体系的学习成果目标。面向未来进行成果设计，能够更好地满足未来社会的发展需求。在成果设计好后，采用反向设计的思路往前推导，需要达到什么结业标准才能确定获得所要求的学习成果。确定结业标准后，要明确学生与标准之间的差距，再由此进行教学设计，开展教学活动，将学习成果的实现落到实处。成果导向强调追求质量与成效，而非外在条件的达标。教学从之前对教学资源的关注、教学条件的关注、教师行为特征的关注，转向关注学生学习结果的获得，关注学生学习体验与收获。在成果导向理念下，对学生学习的评价转向对学生学习成果实现情况的关注，而非学生背下了多少重点，回答了多少次问题这些缺乏实际意义的指标。对教师教学的评价转向从教师教学效果，从学生学习成果的达成情况，来衡量教师投入的意义和价值，以及依据教师投入的成效来改进教师投入的方式和方法，实现教学质量与教学效率的同步提升。

（三）坚持持续改进

持续改进是成果导向教育理念中最能够提供教学活动以生命力的原则，也是与教学评价活动最为契合的原则。持续改进原则指导下有以下三个要求：要求学习成果的持续改进，要求结业标准的持续改进，要求教学活动的持续改进。持续改进强调对学生学习增值情况的考查，使学生逐级达成学习成果目标。

教学评价作为教学活动的最后一个环节并不是教学活动的终点，坚持持续改进的原则以形成一个闭环，通过教学评价及时查找不足并予以改进，助益于之后的教学开展。通过回应社会发展的需求，并根据社会的变化，通过外部循环来对学习成果进行持续改进，及时调整学习成果设计，做到与时俱进。学习成果的变化引起结业标准的变化，这两者之间的变化存在协同的关系，结业标准的同步变化是为了更好地达成学习成果。学习成果、结业要求的持续改进带来教学活动的持续改进，同时，学生的学习情况也会带来教学活动的持续改进。秉承持续改进的原则，教师应该持续了解学生的需求，通过师生之间的内部循环来实现教学活动的持续改进，最终满足学生的发展需求。持续改进是与教学评价最为契合的原则。教学评价具有的三大功能是导向功能、诊断功能和改进功能。在实际的教学评价开展过程中，这三大功能的实现均存在不足。成果导向教育理念中有着持续改进这一原则，坚持用成果导向教育理念来开展教学评价活动将对教学评价功能的发挥具有积极意义。

　　在成果导向教育理念下，电类专业实践课程教学评价将在学生中心、成果导向、持续改进三个原则的指导下展开，不断提高人才培养质量，促进社会发展。受社会发展需求的影响，基于学生现有的发展水平和学生的发展潜力，对电类专业学习成果进行设计。在电类专业学习成果的指导下设置专业的结业标准。电类专业的结业标准对学生的学习目标起指导作用，教师又将学生的学习目标转化为教师的教学目标。教师在教学目标的指导下开展教学活动，学生在学习目标的指引下努力学习，教师的教学活动旨在促进学生的学习活动。

　　电类专业实践课程的学生学习评价是对电类专业的学生学习质量的评价，是对问题"学生通过该门课程的学习在多大程度上取得了需要取得的学习成果"的回答，学生学习评价的结果应该为改进学生学习、提高学生学习质量提供反馈。电类专业教师教学质量决定了对电类专业教师教学评价的结果，是对问题"教师是否有效地帮助了学生取得学习成果？"的回答，教学评价的结果应该为改进教师教学、提高教学质量提供反馈。

　　名师出高徒，教育者的素质决定教育的质量和水平。由于电类专业的教师教学质量很大程度上会影响电类专业学生的学习质量，同时，学生的学习质量又能够在一定程度上反映教师的教学质量。所以，电类专业的学生学习评价应该成为电类专业教师教学评价的支撑，将学生学习质量作为教学结果纳入电类专业教师教学评价的考察范围内，促进电类专业教师教学评价观念的更新和使评价内容更科学。同时，电类专业教师教学评价的发展也指引着电类专业学生学习评价朝着更为客观、真实的方向发展。这要求学生学习评价能够更为有效地反映学生学习质量，回答好问题"对学生的评价是否有效地反映了学生的学习成果取得情况"，才能够有效地反映教师的教学质量，回答好问题"对教师的评价是否反映了教师帮助学生取得学习成果的情况？"。

　　电类专业实践课程教学评价通过教学评价的反馈功能促进教学改进，从而促进教学质量的提升，进而促进人才培养质量的提升，最终促进社会的发展。社会发展又能够更新社会需求，配合教学评价结果对学生的发展水平和发展潜力的反馈，实现实践课程学习成果的更新，继而促进新一轮的循环改进。由此可见，在基于学习成果的电类专业实践课程教学评价中，对于教的质量的评价与对于学的质量的评价是同样重视的。

二、OBE 教育理念下电类专业实践课程教学评价的特点

　　基于学习成果的电类专业实践课程教学评价从评价活动的要素来看，包括评价目标、评价主体、评价方法、评价内容、评价功能这五个要素，下面将对其主要特点进行阐述。

（一）评价目标转向学生学习成果

评价目标是评价开展所依据的标杆。射箭时将靶心视作目标才能够做到精准射击，否则就会不知道应该瞄准何处。评价目标就像是教学评价的靶心，只有明确了教学评价的评价目标，才能够顺利精准地开展教学评价活动。基于学习成果的电类专业实践课程教学评价中，教师教学目标指导教师教学评价的评价目标，学生学习目标指导学生学习评价的评价目标。

基于学习成果的教师教学评价的评价目标用"学生学得怎么样"这样的教学成果作为教师教学评价的评价目标。学生学得怎么样，需要通过学生学习评价来回答这个问题。基于学习成果的学生学习评价的评价目标具有以下三个特点：一是体现电类专业实践的教育特性；二是从学生学习的角度进行表述；三是能确保学生理解评价目标要求。

实践课程教育具有贴近生活、操作性强、实用性强等特点，在制定实践课程学习成果体系时要充分考虑实践教育的教育特性，确保通过反向设计所制定出来的学生学习目标能够保留实践课程的教育特性，是贴近生活的、操作性强的、实用性强的。从学生学习的角度对电类专业学习评价目标进行表述，能够摆脱以往从教师角度进行表述时的弊端，将"教师教了什么"的要求转化为"学生学会了什么"的要求，教师能够通过学生学习评价掌握学生具体的学习情况，据此调整教学进度与节奏。通过预备课程介绍、与学生的讨论、发放学生学习评价要求表等形式确保学生理解学习评价目标要求，能够在正式开始授课前，根据学生的实际情况与需求调整改进好学生学习评价目标，学生也能够在理解学习评价目标的基础上积极参与学习，这能够更好地保证教学质量与教学成效。

（二）评价主体全面，主体参与积极性高

要实现对电类专业实践课程教学质量的客观评价，评价主体的选择是十分重要的。我们要明白哪些主体可以成为教学评价的主体，对教学质量给出评价，这些评价主体给出的评价在汇成实践课程教学评价结果时如何发挥作用，各方主体在参与评价时的科学性、客观性、公正性如何予以保证。

基于学习成果的电类专业实践课程教学评价坚持以学生为中心，要将学生学习评价的权利交给所有熟悉学生学习情况的主体，按照"谁参与，谁评价"的原则，参与学生的学习评价，让教学活动的参与者都成为评价主体，除教师外，还应该包括学生本人以及和学生共同开展学习活动的小组成员。教师要做好学生学习评价的参与者和组织者。学生们在自我评价与小组评价的评价细则制定中积极参与，教师鼓励学生们参与对自己的评价以及对小组成员的评价过程。教师、学生的双方参与，能够使学生认识到积极、认真参与，既是对自己负责，也是对同学负责，教师也将

采取负责的态度来对学生的学习进行评价。调动参与评价的积极性，也是在调动同学们参与课堂的积极性，从而调动同学们参与电类专业学习的积极性。

学习活动参与者按一定的秩序和组织参与学习评价，这为保证教师教学评价的顺利进行奠定了基础。基于学习成果的电类专业教师教学评价依然按照"谁参与，谁评价"的原则，由授课教师进行自评，听课学生进行评教，同时也需要由同行和专家评审予以评价。评价主体的全面性能够保证评价结果的客观性。

（三）评价方法多样，评价贯穿教学进程

一张试卷、一篇论文考核不出电类专业的学生是否学会了电力设计，即使再加几张试卷、几篇论文的要求，也同样达不到评价学生学习成果实现情况的目的，只有让学生们动手操作才能知道他们是否掌握了这些技术，由此说明评价方式在教学评价中的重要性。只有选择了适当的评价方式才能够合理地评价教学质量。适当的评价方式由适当的评价时间和适当的评价方法组成。

基于学习成果的电类专业实践课程教学评价方式中的评价时间具有灵活性，评价手段呈现多样化。在教师的教学评价方面，不能将学期末的学生评教结果等同于教师教学评价结果。对教师开展教学评价的时间不是固定的，可以在学期中的任意时间开展，而根据开展时间的不同，评价的手段也不同，可以在每堂课结束后设置师生对话环节，在学期中可以采取专家听课、同行评议、教师自我反思、开展学生座谈会的方式，在学期末可以采取学生网络问卷调查、学生学习情况分析等方式。学生的学习质量对教师的教学质量具有反映性，因此对学生学习质量的评价应该力求科学与真实。在学生学习评价的评价方式的选择上，要选择能够反映学生的实际学习效果的评价方式。从评价时间上看，在课程开始前需要对学生进行摸底，了解学生该门课程的学习起点。在课程学习过程中，需要通过运用多种评价手段对学生的学习信息进行持续收集，并将这些收集到的信息进行加工、分析、提炼、挖掘，从而诊断学习目标的实现程度，把握学生的真实学习情况。从评价手段上看，手段的选择要根据学生的学习目标要求来选择，要求动手操作则通过实践活动等手段进行考察，要求理论掌握可以通过卷面考试、课程论文等手段考察，做到具体问题具体分析的同时，还要注意将这些手段配合使用，如此才能全面科学地掌握学生的真实学习情况。

（四）评价内容突出学生学习成果达成情况

基于学习成果的电类专业实践课程教学评价在评价内容上也充分体现了"学生中心、成果导向、持续改进"三个原则。评价内容由"教师教了什么"转变为"学生学了什么"，由"教师是怎么教的"转变为"学生是怎么学的"，是以学生为中心的体现，转变过后能够更好地对学生实现学习成果目标的情况进行评价，也能够让

教师更好地掌握学生的学习情况，以调整教学进度与教学安排。

基于学习成果的电类专业实践课程教学评价，强调从学生学习成果的角度出发，围绕促进学生学习成果的达成和证明学生达成了学习成果的证据两个方面来进行评价。学生学习评价的内容就是学生电类专业的学习结果，包括但不限于在实践课程学习成果指导下、在电类专业结业评价标准下进行设计的学习评价内容。通过这门课程的学习，学生在这门电类专业中应当掌握的方法，技能与能力的发展情况，学生在课程学习过程中在情感、态度、价值观上的成长，学生学习能力的高低，以及在该门课程学习上的努力程度，都应该在评价内容中有所体现。学生学习评价的内容，是学生经过一定时期的学习，知道什么，理解什么，以及运用所学知识能够做些什么，既包括学生的认知成果，也包括非认知成果。

以往的电类专业教学评价往往关注对电类专业教师教学行为的考察。比如对教师是否使用多媒体设备进行教学，教师的普通话是否标准这类授课的条件性因素的考察，但这些只是教师教学评价不太重要的组成部分，学生的学习成果更应该作为教师教学评价的出发点和落脚点。因为学生的学习成果是电类专业教师教学质量最直接的证据，所以基于学习成果的教师教学评价在评价内容上将纳入学生学习评价结果，用最能证明教师教学质量的成果来开展教学评价。

（五）评价的导向、诊断、改进功能三管齐下

教学评价的功能指的是评价活动本身所具有的能引起评价对象变化的功能。它常常通过教学评价活动与结果作用于被评价的对象而体现出来。评价功能往往与评价的目的联系在一起，即希望通过评价达到什么效果。评价的目的规定了评价的价值预期，而评价的功能及其发挥则决定着评价价值的实现程度。基于学习成果的电类专业教学评价能充分发挥评价的导向、诊断与改进功能。

评价的导向功能指的是评价具有引导评价对象朝着理想目标前进的功效与能力。评价是电类专业教学的指挥棒，直接关系着教师如何教和学生如何学的问题。基于学习成果的电类专业教学评价主张从学生学习成果出发评价学生学习，又在学生学习评价的基础上评价教师教学。明确的学生学习评价目标，直接决定电类专业教师及学生的努力方向，激励师生达成预期学习成果目标。对于学生而言，有利于帮助他们了解学习的目标、任务及意义，促使他们增强学习动力，合理做出学习规划，引导学生如何学。对于教师而言，有利于确立教学目标和内容，包括知识与技能、学科视角与方法、价值观等，引导教师如何教。

电类专业实践课程教学评价的诊断功能作用在教师和学生两个主体上。学生通过教师在学习过程中给出的反馈，明确自己在学习过程中存在的问题，并结合自身情况进行调整，将评价反馈的问题予以解决。教师通过对学生学习评价的诊断来了

解学生的学习进程，进而及时对自身教学进行调整。

教学评价的根本目的在于提高和改进。通过对学生的学习进行评价，明晰不足，教师要给予学生及时的评价反馈，帮助学生找到努力的方向，发挥评价的改进功能。学生学习评价的结果对教师教学也提供了反馈信息，评价的结果信息中包含学生学习的质与量，能够为教师研究教学、了解学生学习状况、探究改进教学方法提供有效的信息，从而实现循环的、长足的教学改进与教学提升。

第二节　电类专业教学评价现状及存在的问题

一、调查设计与实施

为了解电类专业实践课程教学评价的现状，本节以 H 学院为例进行讲解。H 学院在教学质量监督上坚持"学生中心""成果导向""持续改进"的原则，体现该校在教育质量评价理念上认可成果导向教育理念，并在这三项原则的指导下开展学校教育质量评价工作。选择该校作为研究对象，从学生的角度出发，通过问卷调查的形式，从学生的角度了解当前电类专业的教学评价现状，又进一步搜集 H 学院关于电类专业教师教学质量评价的相关规定、年度报告以及工作开展新闻报道等文本材料，完成对电类专业教学评价现状的整体把握，并对现状中反映的问题进行归纳梳理。

（一）问卷设计

结合基于学习成果的电类专业教学评价的具体内涵，调查者在查阅相关文献和理论积累的基础上，向 H 学院的若干名学生就其经历的电类专业实践课程学习评价的实际情况进行了解，设计了调查问卷初稿，接着在相关教师的指导与同学的帮助下进行了反复修改。问卷成形后，在小范围内进行了预调查，根据回收问卷反映的问题再次对问卷进行修改。最终问卷被设计为三个部分。

调查采取学生自陈的方式开展，了解电类专业实践课程学生学习评价现状与基于学习成果的电类专业教学评价之间的符合程度。调查问卷由学生个人基本信息、选择填空题、量表题三个部分组成。第一部分学生个人基本信息的调查内容包括性别、专业、年级等信息。第三部分从培养目标与评价目标、评价主体、评价方法、评价内容、评价功能等五个方面设计问题进行调查，采用李克特量表，"非常符合、比较符合、基本符合、不太符合、非常不符合"分别赋值5、4、3、2、1分，分数越高表示学生认为这一项的表述与实际情况越符合，反之则表示越不符合。第二部分的选择题和填空题是从以上五个方面对教学评价现状的补充。

（二）样本情况

本节采用网络问卷与纸质问卷同步发放的形式，面向 H 学院不同年级的学生发放。此次问卷共发放 320 份，回收 290 份，回收率为 90.6%，去除无效问卷后，有效问卷共 283 份，有效率为 88.4%。样本结构与 H 学院学生结构相符。H 学院电类专业实践课程多在高年级开设，问卷发放时间为 2020—2021 学年的上学期，考虑大一、大二学生入学时间不长，对于电类专业实践课程相关情况体验还不够充分，因此在被调查学生年级的选择上，倾向于选择高年级学生。

（三）问卷信效度

本节运用 SPSS 26.0 采用 Cronbach α 系数法对回收的 283 份有效问卷进行信度检测。通过观察项已删除的 α 系数发现，把题目"电类专业实践课程的考核由教师一人完成，考核成绩由教师一人评定"和题目"电类专业实践课程的考核很容易完成"删除后，α 系数能够上升，因此剔除问卷中这两个题目，并对剔除后的问卷重新进行信度检测，结果如表 5-1 所示。

表 5-1　电类专业实践课程教学评价现状调查量表信度检验

研究变量	Cronbach α 系数	指标数
总体	0.944	23
培养目标与评价目标	0.809	5
评价主体	0.796	4
评价方法	0.747	2
评价内容	0.884	6
评价功能	0.906	6

通常情况下，α 系数大于 0.9 则信度非常理想，系数介于 0.8 ~ 0.9 之间被认为信度非常好，介于 0.7 ~ 0.8 之间被认为比较好，介于 0.65 ~ 0.7 之间表示勉强可以接受，介于 0.6 ~ 0.65 之间则不能接受。从上表可以看出，总量表的 α 系数为 0.944；培养目标与评价目标、评价主体、评价方法、评价内容、评价功能五个维度指标的α 系数分别为 0.809、0.796、0.747、0.884、0.906，均是比较好的。因此本节所设计的问卷量表具有较好的信度。

本节采用因素分析法检测问卷效度。在进行因素分析之前，首先对各题项之间的相关性进行检验，以确定是否适合做因素分析。本节采用 KMO 检验法和 Bartlett 球形检验，检验结果如表 5-2 所示。

表 5-2　电类专业实践课程教学评价现状调查量表 KMO 和 Bartlett 检验

KMO 取样适切性量数		0.944
Bartlett 球形检验	近似卡方分布	4077.343
	自由度	253
	显著性	0

本调查量表的 KMO 值为 0.944，呈现出非常理想的状态。同时，在 Bartlett 球形检验中，显著性概率值 $P=0<0.05$，代表总体的相关矩阵间存在共同因素，所以本问卷量表适合进行因素分析。

本节采用主成分分析法，对问卷中 23 个量表题进行因子分析，抽取特征值大于 1 的主成分作为因子，在分析中，因素负荷量的选取标准以 0.4 来检验，结果如表 5-3 所示。

表 5-3　电类专业实践课程教学评价现状调查量表因素分析摘要表

名称	因子载荷系数				共同度
	因子 1	因子 2	因子 3	因子 4	
1. 学校结合校情制定了明确清晰的电类专业人才培养的总体目标	0.003	0.524	0.381	0.286	0.501
2. 授课教师在第一节课上会向学生介绍课程的学习目标及考核的具体要求	0.180	0.818	0.240	−0.105	0.769
3. 实践课程的学习目标与考核目标会根据课程性质来设置	0.237	0.792	0.172	0.116	0.726
4. 教师会让学生提出他们希望把什么作为课程目标、如何考核以及采用什么考核标准，并且和学生讨论课程的教学目标、学习方式和评价标准	0.466	0.421	0.075	0.463	0.615
5. 教师会将课程作业的评分标准告诉学生，并且和学生讨论评分细则以进行调整并加深学生对评分细则的理解	0.356	0.750	−0.006	0.134	0.707
6. 学生很愿意参与实践课程的考核	0.268	0.200	0.674	0.209	0.610
7. 课后学生会对实践课程学习内容进行复习预习	0.288	0.086	0.615	0.458	0.679
8. 学生在实践课程平时考核中积极表现	0.276	0.152	0.767	0.194	0.726
9. 学生会认真准备实践课程的期末考试或考核	0.410	0.361	0.555	−0.183	0.640
10. 教师会在实践课程开始前对学生进行摸底测试	0.170	−0.051	0.175	0.834	0.758
11. 每完成一个单元或一个阶段的学习，教师会通过课堂提问、随堂考试、期中测试等形式了解学生的学习情况	0.358	0.216	0.161	0.675	0.656

名称	因子载荷系数				共同度
	因子 1	因子 2	因子 3	因子 4	
12. 对不同的知识点，实践课程教师提出了不同层面的学习要求，如记忆、阐释、运用、综合分析、评价等	0.618	0.260	0.399	0.055	0.613
13. 教师授课的重难点在考核中有所体现	0.614	0.388	0.300	−0.111	0.630
14. 考核能够体现学生在实践课程中所掌握的解决问题的方法，以及技能与能力的发展情况	0.691	0.340	0.230	−0.022	0.646
15. 教师能够考察到学生在课程学习过程中在情感、态度、价值观上的成长，并在考核结果中有所体现	0.751	0.213	0.099	0.063	0.623
16. 实践课程的考核结果能够反映学生能力水平的高低	0.737	0.130	0.145	0.253	0.645
17. 实践课程的考核结果能够反映学生努力程度的差异	0.714	0.256	0.122	0.146	0.611
18. 实践课程教师会在考核的基础上对学生的学习情况进行反馈，指明学生在学习上存在的各种问题，并提出改进意见	0.723	0.020	0.152	0.342	0.664
19. 实践课程的考核能让学生意识到在课程学习中的问题	0.761	0.180	0.160	0.286	0.719
20. 学生会根据实践课程的考核结果来改进课程学习情况	0.742	0.182	0.215	0.216	0.677
21. 实践课程教师会对学生在学习过程中取得的进步表示认可	0.712	0.175	0.346	0.068	0.663
22. 实践课程教师会根据考核的结果来调整教学	0.719	0.183	0.255	0.253	0.679
23. 学校会根据学生的学习成绩来考核教师的教学水平	0.651	0.030	0.210	0.298	0.557
特征根值	6.943	3.151	2.696	2.323	
方差解释率 %	30.187	13.699	11.722	10.099	
累积方差解释率 %	30.187	43.866	55.608	65.707	

由表 5-3 可以发现，共有 4 个公共因子，因子 1 包括了 12 ~ 23 题连续 12 道题，其中 12 ~ 17 题为问卷中的评价内容维度，18 ~ 23 题为问卷中的评价功能维度，为了研究方便，把因子 1 拆分为评价内容和评价功能两个因子。表中的因子 2 包括的 1 ~ 5 题为原始编制问卷中的评价目标维度，因子 3 包括的 6 ~ 9 题为原始编制问卷中的评价主体维度，因子 4 包括的 10、11 题为原始编制问卷中的评价方法维度。四个因子的累积方差解释率达到 65.707%，超过了 60%，表示提取后保留的因素相当理想。同时，采取主成分分析法抽取主成分后的共同性均在 0.40 以上。因

此，因子提取的总体效果较理想。

（四）文本资料

通过翻阅 H 学院教务处网站里与教学评价及电类专业实践课程教学相关的规章制度、年度报告以及教学评价活动的新闻稿件，调查者对 H 学院实践课程教学评价现状进行详细了解。H 学院电类专业实践课程教学评价相关文本材料列表如表 5-4 所示。

表 5-4 H 学院电类专业实践课程教学评价相关文本材料汇总

类型	名称	发布时间	发布者
专栏导语	H 学院内部质量保障原则、手段、工作格局	—	—
新闻稿件	学校第十一届教学督导团成立	2018-01-26	教务处
新闻稿件	教学督导工作总结会议新闻稿（每学期一次）	2018—2021	教务处
工作报告	H 学院学年教学质量报告（每学年一次）	2017—2020	教务处
通知公告	关于开展 2020 年秋季学期本科学生评教工作的通知	2020-12-10	教务处、教学质量监控与评价中心
通知公告	关于持续推进课程教学资源建设的通知	2021-01-13	教务处、教学质量监控与评价中心
制度规定	H 学院听课管理办法	2018-01-26	教务处、教学质量监控与评价中心
制度规定	H 学院教学开新课与新开课基本规定	2020-10-14	H 学院办公室
制度规定	H 学院教学督导工作条例	2020-10-14	H 学院办公室
制度规定	H 学院课程考试试卷检查细则	2021-03-10	教务处
制度规定	H 学院电类专业实践课程修读办法	2021-03-17	教务处
指标体系	H 学院学生评教指标	2021-01-15	学生教评网站

H 学院所开展的实践课程教学评价活动纳入总体教师教学评价中实施。H 学院在教务处质量保障专栏中就该校内部质量保障原则、手段以及工作格局进行了总体介绍。该校着力加强四维教学评价体系建设，预期通过四维教学评价，推动教学质量评价由约束性评价向发展性评价转变。四维教学评价中的维度一是学生评教，维度二是督导评教，维度三是同行评教，维度四是教学规范检查。

H 学院为进一步加强对课堂教学工作的指导、评价和服务，以经常性、随机性、大覆盖面的课堂听课活动推动教学研究，改进教学方法，促进课堂教学质量提升，完善该校干部、教师、督导听课方式，制定了"H 学院听课管理办法"。该听课办法中对于听课人员及听课时数、听课范围及评价内容、听课基本要求等都做出了规定。H 学院的教学评价活动均由学校教务处与教学质量监控与评价中心组织开展。通过相关文本材料的搜集，我们可以发现，该校在教学质量保障上一直积极探索，注重相关制度的配套更新，使得本研究更加具有实际意义。

二、电类专业实践课程教学评价现状

通过对电类专业实践课程教学评价现状的调查研究，我们发现，当前电类专业实践课程教学评价与基于学习成果的电类专业实践课程教学评价之间还存在很大差距。接下来笔者将从培养目标与评价目标、评价主体、评价方法、评价内容、评价功能五个维度着手，对电类专业实践课程教学评价的现状进行阐述，探究当前电类专业实践课程教学评价存在的主要问题。

（一）电类专业实践课程培养目标与教学评价目标现状

由于当前很多院校未能确立明确的电类专业实践课程目标，因而电类专业实践课程的教学质量评价目标也不够清晰。了解学校是否确立了明确清晰的电类专业实践课程人才培养的总体目标，以及学生对电类专业实践课程学习评价目标的理解情况，将有利于了解当前电类专业实践课程教学评价的评价目标是否向"学生学会了什么"转向。

通过用 SPSS 对培养目标与教学评价目标维度的 5 个题项进行描述性统计，结果如表 5-5 所示。

表 5-5　电类专业实践课程培养目标与教学评价目标现状调查结果

题目	平均值	标准差
1. 学校结合校情制定了明确清晰的电类专业人才培养的总体目标	3.65	0.90
2. 授课教师在第一节课上会向学生介绍课程的学习目标以及考核的具体要求	4.02	0.89
3. 实践课程的学习目标与考核目标会根据课程性质来设置	3.92	0.80
4. 教师会让学生提出他们希望把什么作为课程目标、如何考核以及采用什么考核标准，并且和学生讨论课程的教学目标、学习方式和评价标准	3.60	0.97
5. 教师会将课程作业的评分标准告诉学生，并且和学生讨论评分细则以进行调整，并加深学生对评分细则的理解	3.83	0.94

由表 5-5 可知，得分最高的为第 2 题（4.02 分），这表明授课教师在告知学生学习目标与考核要求上做得比较好。此外，其他题项的得分均在 3～4 分，没有达到"比较符合"的水平。

文本资料显示，该校在"电类专业实践课程修读办法"中对电类专业实践课程培养目标做了如下阐述：学校电类专业实践课程选修课程（以下简称通选课）旨在引导学生继承中华优秀传统文化，吸纳不同文明中的有益成分，传递科学与人文精神，提高审美、沟通与表达能力。表明该校制定了电类专业实践课程人才培养目标，但是缺乏对于目标的进一步分解，未能细化为电类专业实践课程学生学习成果体系。并且在向学生传达上，在帮助学生理解电类专业实践课程人才培养目标上需要改善。

调查结果还显示，授课教师根据课程性质设置实践课程的学习目标与考核目标

（第 3 题得分 3.92 分）、课程作业的评分标准的告知以及加强学生对于学习评价标准的理解（第 5 题得分 3.83 分）这两点上做得是比较好的。但第 4 题得分为 3.60 分，说明教师在让学生提出他们期望的学习收获，并且和学生讨论课程的学习评价方式的情况不佳。

　　文本资料表明，实践课程的教师教学评价被纳入学校整体教学评价工作中，作为组成部分，在开展实践课程的教师教学评价时，依据的评价目标与专业课的教师教学评价目标并无二异。院校没有针对电类专业实践课程的特点，依据学生课程学习的结业标准以及教师的课程教学目标，建设实践课程专用的教学评价目标体系，实践课程教师教学评价的评价目标对学生在该门课程的学习成果也没有进行反映，以学生为中心的落实情况不佳。

（二）电类专业实践课程教学评价主体现状

　　评价主体这一维度回答的是"教学评价谁来评"这一问题。关于评价主体，发展和变革的整体趋势就是从"一"到"多"。在评价主体这一维度，除了了解各主体的参与情况，了解其是否依据评价标准参与其中，还对参与意愿进行了了解。

　　学生调查问卷中第二部分的 2 ~ 5 题反映的是学生自评与同学互评的情况。结果表明，135 名学生选择了有自我评价环节，这部分学生给出的"在设置了自我评价环节的实践课程上，教师会在自我评价前提供自我评价细则"的得分情况为：3.47 分，说明依据评价细则进行自我评价的情况不佳。137 名学生选择了有同学评价环节，这部分学生给出的"在设置了同学评价环节的实践课程上，教师会在同学评价前提供同学评价细则"的得分情况为：3.64 分，说明依据评价细则进行同学评价的情况也不好。

　　通过用 SPSS 对评价主体维度的 4 个题项进行描述性统计，结果如表 5–6 所示。学生参与实践课程考核的意愿不强烈，第 1 题得分为 3.63 分；学生对于实践课程的学习重视程度是有较大的提升空间的，课后对实践课程学习的内容进行复习与预习的情况并不普遍，第 2 题得分为 3.18 分；且参与平时考核的积极性比参加实践课程期末考试或考核的积极性低，这可能与平时成绩与期末成绩的比重分配有关，同时参加课程期末考试或考核的积极性情况也存在较大的进步空间。

表 5–6　电类专业实践课程教学评价主体现状调查结果

题目	平均值	标准差
1. 学生很愿意参与实践课程的考核	3.63	0.85
2. 课后学生会对实践课程学习内容进行复习和预习	3.18	0.99
3. 学生会在实践课程的平时考核中积极表现	3.42	0.92
4. 学生会认真准备实践课程的期末考试或考核	3.79	0.86

通过文本资料可知,对教师教学进行评价的评价主体有学校领导、各职能部门与学院领导及干部,教师同行、督导专家以及学生,并没有教师本人。在评价主体这一维度中,除学生以外的其他参与教师教学评价的主体均通过听课的方式参与评价活动。院校通过制度对每一类评价主体的听课对象以及听课课时都进行了规定。学生这一主体则主要通过学生评教参与教师教学评价。受限于教务管理系统的设置,学生在未进行评教前无法查看个人学习成绩,因此学生评教的参与率可以达到 100%,从系统设置上保证了学生评教的参与率。

(三)电类专业实践课程教学评价方法现状

评价方法回答的是"教学评价怎么评"这一问题。调查评价方法的现状,包括评价方法是什么和评价方法的使用情况。通过用 SPSS 对评价方法维度的 2 个题项进行描述性统计,结果如表 5-7 所示。

表 5-7　电类专业实践课程教学评价方法现状调查结果

题目	平均值	标准差
1. 教师会在实践课程开始前对学生进行摸底测试	2.82	1.15
2. 每完成一个单元或一个阶段的学习,教师会通过课堂提问、随堂考试、期中测试等形式对学生的学习情况进行了解	3.31	0.99

从评价方法看,大部分的平时成绩来自考勤,即只要学生出席了每一堂课,就能够拿到一定的平时成绩,期末考核结果对总成绩的影响更大。平时成绩的组成中,考勤、课堂提问使用的频率比较高,说明在实践课程的学习评价中使用的评价方法比较随意,而能体现学生参与度与创造性、更适合实践课程性质的评价方式采用得比较少。从评价的时间来看,教师在课程开始前通过对学生进行摸底测试来了解学生的学习基础的情况很差,得分仅 2.82 分,与基于学习成果教育理念学生中心原则中"明确学生学习起点"这一内容不相符合。教师在完成一阶段的学习后对学生的学习状况进行及时检查的情况也有待改善,与基于学习成果教育理念中持续改进的原则也不符合。

电类专业教师教学评价的评价方法主要包括听课和学生线上评教两种评价方法。听课这一方法的覆盖面并没有达到 100%,即没有实现全覆盖。通过 H 学院听课管理办法可以了解到,从被听课的教师角度来看,被作为重点听课对象的主要是新进教师、青年教师和专业核心课教师;从被听课程的性质来看,被作为重点听取的课程主要是专业核心课程、新开课、学校资助建设的重点课程。实践课程很容易被忽略。学生线上评教这一方法的覆盖面达到了 100%,全校的每一门课程都要接受学生评教。学生评教目前采用的是网上评教的形式。

学校建设有学生评教系统,学生通过个人门户登录后,进入教学评价与发展平台，选择对应的学期。学生评教的页面由随堂评价和阶段评价两部分组成，其中随堂评价部分不具有强制性，学生自愿参加，而阶段评价的实施学校会进行集中动员和组织开展。在每学期的考试周到来前，学校会发布开展该学期本科学生评教的通知。学校评教制度规定所有学生对本学期修读的所有课程（包括实践课程）都要进行评价。学校还安排了教学质量监控与评价中心负责对接做好学生咨询答疑等服务保障工作，确保学生评教工作的顺利开展。此外，教学资源建设评价是学校评价教师教学工作的重要维度之一。在 H 学院《关于持续推进课程教学资源建设的通知》中，我们可以看到该校对于教师课程教学资源的评价采用的是教师自主申请和学校抽查的方式，且没有电类专业实践课程的教学资源建设指标。

（四）电类专业实践课程教学评价内容现状

评价内容这一维度回答的是"评价什么"的问题。基于学习成果的电类专业实践课程教学评价认为评价内容应该在学习成果的指导下进行设计，不仅包括学生所学习的知识，还包括掌握的技能以及情感态度价值观上的变化，教师评价的内容也应该围绕学生学习成果的这些方面来展开。

接下来就 H 学院学生评教的指标体系具体内容分析电类专业实践课程教学评价中对教师教学评价的评价内容。具体指标如表 5-8 所示。

表 5-8　H 学院学生评教表

评价指标	完全符合	基本符合	不怎么符合	完全不符合
1. 对学生提出明确且难易得当的课程目标				
2. 教师课前向学生布置一些阅读任务或其他预习任务				
3. 教师给学生布置适量课后作业，促进学生巩固和拓展所学知识				
4. 多媒体课件和板书配合使用				
5. 多媒体课件的使用有助于提高教师授课效率和学生学习效果				
6. 为了改进教学，在课程学习过程中，教师在正式考试之前还采用多种方式寻求学生对教学的反馈意见				
7. 教师在课堂内积极启发学生思考，有较好的设问和提问技巧				
8. 教师鼓励学生课堂内提问				
9. 学生课后找得到教师				
10. 学生和教师在课外通过一定途径交流课程或学习问题				
11. 通过课程学习，在学科知识增长、运用学科知识理解现象和解决问题，以及培养批判思维上显著进步				
12. 对课程和授课教师教学表现得总体满意				

H 学院的学生评教指标包含课程挑战度、教学技能、师生互动、教学效果 4 类

指标。通过对评教指标相关信息的搜集发现，H 学院实践课程与专业课程学生评教采用的评价指标一致。H 学院学生评教表一共设计有 12 道题，从四个维度对教师教学情况进行了描述，其中第 1 ~ 3 题从课程挑战度维度进行描述，第 4 ~ 6 题从教学技能维度进行描述，第 7 ~ 10 题从师生互动的维度进行描述，第 11 ~ 12 题从教学效果的维度进行描述。学生阅读每个题项，判断教师的教学实际表现与描述内容的符合程度，然后从完全符合、基本符合、不怎么符合、完全不符合 4 个选项中选择自己的答案。

这一评教指标反映的评价内容有一部分是与基于学习成果的电类专业实践课程教学评价的评价内容相吻合的。第 6、7、8、10 题，能够体现学生在教师教学评价的评价内容中得到了重视，听得到学生的"声音"，但同时我们也能够发现，评价内容缺乏实践课程特色，甚至有一些选项与实践课程开设的实际情况是不相符合的，说明通用的学生评教表与实践课程的适配程度有待提高，而反映学生学习成果的仅有第 11 题，且对学习成果的描述比较笼统。因此，我们有必要针对不同的课程性质开发各类型评教指标。

开展听课评教的督导团的主要工作有：常规的听课督导、其他教学环节的督导以及专题调查研究三大块。同行评教由学院组织教师所在教研室、系及学院教师代表（7 ~ 9 人）进行。督导评教和同行评教的评价内容均包括教学纪律、教学态度、教学方法与手段、教学内容、教学效果以及学生课堂表现等教学有关情况。

通过用 SPSS 对学生问卷中评价内容维度的 6 个题项进行描述性统计，结果如表 5-9 所示。

表 5-9　电类专业实践课程教学评价内容现状调查结果

题目	平均值	标准差
1. 对不同的知识点，实践课程教师提出了不同层面的学习要求，如记忆、阐释、运用、综合分析、评价等	3.65	0.84
2. 教师授课的重难点在考核中有所体现	3.73	0.83
3. 考核能够体现学生在实践课程中所掌握的解决问题的方法，以及技能与能力的发展情况	3.71	0.83
4. 教师能够考察到学生在课程学习过程中在情感、态度、价值观上的成长，并在考核结果上有所体现	3.63	0.84
5. 实践课程的考核结果能够反映学生能力水平的高低	3.40	0.88
6. 实践课程的考核结果能够反映学生努力程度的差异	3.55	0.92

调查结果显示，考核内容在体现学生在这门实践课程中所掌握的方法与技能的发展上比体现学生在情感态度价值观的成长上做得要好，但得分都在 3 ~ 4 分之间，仍存在比较大的进步空间。考核结果反映学生能力水平高低与学生努力程度差异的能力不佳，说明同学们认为学生的能力水平高低与努力程度的差异并不能够通过学

生学习评价体现出来。

（五）电类专业实践课程教学评价功能现状

基于学习成果的电类专业实践课程教学评价对于教师教学主要有诊断、导向和改进功能。电类专业实践课程教学评价的目的旨在改进教师教学方法，促进课堂教学质量的提升，发挥实现学生学习进步与教师教学进步的效果。

采用听课方式开展的教学评价,评价结果的处理流程如下：听课人员根据听课情况客观公正地评价教学，给出意见建议，并及时录入教师教学评价与发展系统，听课人员课后与教师进行面对面交流沟通，意见也可不交流，系统自动将意见和建议反馈给被听课教师。听课的覆盖面并未达到全覆盖，因此并不是所有教师都能够得到督导专家和同行教师对其所授课程的评价与建议。对于听课提出的教学改进意见的具体落实情况，没有更多地持续跟进。采用学生问卷调查的评教方式开展的教学评价，评价的结果作为教师年终教学考核时的参考，但学生评教的数据对于教师发现教学问题的作用不大，缺乏开放性问题来让学生提出教学改进意见。可以说，电类专业实践课程教学评价在教师教学改进上的效果发挥不足。

教学评价对于学生学习也同样应该具有诊断、导向和改进功能。学生问卷的评价功能这一维度的调查共设计了 6 个问题，具体的情况如表 5-10 所示。

表 5-10　电类专业实践课程教学评价功能现状调查结果

题目	平均值	标准差
1. 实践课程教师会在考核的基础上对学生的学习情况进行反馈，指明学生在学习上存在的各种问题，并提出改进意见	3.37	1.01
2. 实践课程的考核能让教师意识到在课程学习中的问题	3.48	0.93
3. 教师会根据实践课程的考核结果来改进课程学习情况	3.52	0.92
4. 实践课程教师会对学生在学习过程中取得的进步表示认可	3.57	0.87
5. 实践课程教师会根据考核的结果来调整教学	3.50	0.93
6. 学校会根据学生的学习成绩来考核教师的教学水平	3.42	0.94

评价功能这一维度的各题得分处于 3.37 ~ 3.57 分之间。教师的实际情况与"实践课程教师会在考核的基础上对学生的学习情况进行反馈，指明学生在学习上存在的各种问题，并提出改进意见""对学生在学习过程中取得的进步表示认可""根据考核的结果来调整教学"这些表述符合度低，学生的实际情况与"实践课程的考核能让我意识到我在课程学习中的问题""我会根据实践课程的考核结果来改进我的课程学习情况"这些表述的符合度也比较低，学校的实际情况与"会根据学生的学习成绩来考核教师的教学水平"这一表述的得分仅为 3.42 分，说明学校在对教师教学进行评价时在考虑学生的学习质量方面做得不够好。

评价功能这一维度的调查结果反映实践课程学生学习评价中评价的反馈、导向、改进功能的实现现状存在问题。从教师对学生的反馈上来看，教师不会基于考核的结果向学生指出学习问题并提出改进意见。从学生接收的反馈信息来看，学生不会通过考核结果反思自身存在的学习问题，基于考核结果改进自身学习的情况也不佳。从教师接收的反馈信息来看，基于学生考核的结果来对教学进行调整的情况有待改善。学生学习考核结果对于教师教学水平的反映程度有待提高。

三、电类专业实践课程教学评价存在的主要问题

现状调查与分析结果显示，当前电类专业实践课程教学评价存在许多问题，下面我们将对反映的主要问题进行归纳与分析。

（一）沿用专业教育教学评价标准，缺乏针对性

电类专业实践课程教学评价在院校教学评价中并不受重视，很多电类专业实践课程教学评价工作沿用的是专业教育相关的管理模式和相关标准。

电类专业实践课程不同于专业教育。从教学方法上来说，实践课程应当采用的教学方法、教学技能也与专业教育存在差异，专业教育中专业理论课与专业实践课的教学方法和教学技能都旨在提升学生的专业知识，筑牢学生的专业基础，但实践课程采用的教学方法与教学技能旨在提升学生的实践应用能力，不同的能力对应不同的表现形式，实践课程的教师应该用更有针对性的、学生参与程度更高的形式，更多样的教学方式来开展教学。从师生互动来说，实践课程与专业课程的师生互动也存在差异。实践课程中的实训选修课，授课时间多为周一至周五的晚上，教师和学生在课堂上的互动比课后的互动更为重要。因此，电类专业的教学评价应该聚焦实践教育学习成果，聚焦电类专业课堂实际，与专业教育有所区别。显然，目前的电类专业实践课程教学评价相关的评价标准是缺乏针对性的，未能突出实践教育的特色。

在学校组织的教学督导活动中，听课覆盖不全，实践课程处于被忽略地位。由于听课安排中对于不同身份的听课者只提出了总课时的要求，在重点要听的课程中又忽视了实践课程，所以实际的教学评价活动可能并不会涉及实践课程，更不要说制定实践课程专用的教学督导评课标准了。

在学生评教使用的评教标准中，评价指标表述不明确，学生评教与专业教育学生评教沿用的是同一套指标体系。学生评教的评教指标的设计涵盖四个维度，分别是课程挑战度、教师教学技能、师生互动和教学效果，从横向来看，维度覆盖是较为全面的，从课程、教师、学生、学习成果四个方面对教师的教学进行了评价。深入考察每一维度下的具体题项，我们可以发现，评价指标存在全面性不足的问题。首先，仅凭借"对学生提出明确且难易得当的课程目标""教师课前向学生布置一些阅读任务或其他预习任务""教师给学生布置适量课后作业，促进学生巩固和拓展所

学知识"这三个问题无法反映课程的挑战度。其次，课程挑战度的大小应该怎么进行判断，是从课程与其他同系列课程的比较来确定课程的挑战度，还是从学生的初始水平来确定课程的挑战度，都无法从这三个问题中得到有效的反馈。学生在评教时，由于有一些题目的表述，学生并不能够准确地找到具体的教学事例来与之对应，所以结合评教指标考量发现评教指标的明确性有待提高。"多媒体课件的使用有助于提高教师授课效率和学生学习效果"这一指标也存在明确性不足的问题，学生无法将"提高教师的授课效率与学生学习效果"同具体的事例对应，也就不能充分反应多媒体课件的使用对于提高教学效果与学习效果的作用。由此可见，缺乏实践课程教学评价专用的评价标准，将导致评价内容对于教学质量的反映程度不足。

电类专业实践课程教学评价的评价目标应当聚焦于学生实践教育的学习成果目标，结合社会发展需求和学生当前发展水平及发展潜力制定的实践教育学习成果体系，应该在实践课程教学评价中起指导作用。然而现状显示，实践教育教学评价目标并未聚焦学生实践教育学习成果，学校未形成学生实践课程学习成果体系指导实践课程教学评价。学校在结合具体的校史校情来制定明确清晰的实践课程人才培养目标方面做得不够。实践课程的人才培养目标不能够反映学校的人才培养特色，这将导致实践课程缺乏该校特色，不能够发挥学校的优势和长处促进应用型人才培养质量的提高。

（二）评价主体参与不充分，评价能力有待提高

评价主体在参加实践课程教学评价活动时的主体地位得不到保障，各方主体没有充分发挥其主观能动性参与教学评价，并且评价主体的评价能力有待提高。

学生对参与实践课程教学评价的认识不足。在学生进行首次选课时，学校在向学生进行详细介绍实践课程的总体培养目标与考核目标等相关内容上覆盖率有待提高，这使得同学们在理解实践课程的教育意义以及实践课程的总体培养目标与考核目标上存在不足，因此，同学们在明确自己的发展方向上也存在困难。学校在利用多种形式的官方渠道来开展实践课程的入学教育活动方面做得不够，也说明学校对于让学生加强实践课程的意义与重要性认识不重视。在实践课程的学习目标设置时，教师并不会让学生提出他们期望的学习收获，并且和学生讨论课程的学习评价方式。缺少了这一过程，将无法帮助学生建立对实践课程、对实践课程的认同感并参与其中，而这一部分如果开展得好，学生将进一步明确自己的学习任务与学习目标，聚焦于学生学习成果的教学评价将会被更有效率地展开。学生对于学生评教所起到的改进教学的意义认识也十分有限。学生基本不会在学期中登录教务管理系统进行评教，在参加学期结束时的线上评教活动时，也有许多学生完成得比较敷衍，为了尽快查询到自己的学习成绩，随意勾选后快速提交，没有仔细阅读后进行真实评价。

教师对参与实践课程教学评价的认识不足。首先，教师对调动学生参与到教学评价中的重要性认识不足。教师不能够坚持以学生为中心，调动学生的主观能动性，让学生作为教学评价的主体参与评价活动。其次，对教师进行评价的评价主体缺失了最重要的主体，即教师本人。在一定意义上，甚至可以说，教师自我评价的过程就是教师自我激励与自我提高的过程。教师是教学活动的主体，应该是对学生学习情况以及教学进程最了解的人。教师的评价主体作用仅仅在对学生开展学习评价时有所发挥显然是不恰当的。教师自评不仅能够收集到教学评价的必要信息，而且能够帮助教师进行自我诊断。

教师参与电类专业实践课程教学评价的能力有待提高。评价方法的选择是教师教育智慧的体现，选择恰当的评价方法，在恰当的时间开展学生学习评价活动对于掌握学生的学习基础、考查学生的学习成长具有重要的意义。但是当前电类专业实践课程教学评价的现状表明，评价方法虽然多样，但是在实际运用过程中经常使用的还是教师比较方便操作的考勤、课堂提问等方式，并没有考虑课程性质、结合课程特点，在恰当的时候使用恰当的评价方式，通过评价方式的搭配组合来了解电类专业实践课程的教学进程。在数量上，供教师们选择的评价方式很多，但是教师们愿意选择的评价方法比较少，不会考虑方法选择的适当性，而更多的是考虑方法使用的简便性。在使用时间上，实践课程的教师不会在课程开始前进行摸底测试，那么对于学生的学习起点，也就缺乏足够的了解，在学习过程中进行考核情况也不多，对于学生的学习增值情况缺乏及时与充分的把握，及时发现问题并予以改进也就无从谈起。平时成绩的比重占比平均达到了 45%，很大程度上平时成绩的获得只要按时上课，分数的高低与学生的学习质量无关，分数与学习质量之间的桥梁无从建立。

学生参与电类专业实践课程教学评价的主体性地位被忽视。教学评价主体应该呈现由一到多的发展趋势，才能够反映对学生学习评价是客观全面的，但是电类专业实践课程教学评价现状调查的结果显示，超过半数的实践课程教师在开展学生学习评价时，对学生学习进行评价的主体只有授课教师。现状调查中对学生自评与同学互评的现状都进行了调查，结果显示，学生自评与同学互评这两种评价主体的参与程度比较低。在有学生自评和同学互评的情况下，教师提供学生自评、同学互评评价细则的情况比较少，课程学习成绩的决定权很大程度上只在授课教师的手中。在后续学生参与学习评价的积极性调查中，也反映学生参与实践课程学习评价的积极性不高。不论平时成绩的占比是多少，对该门课程最终学习成绩起决定性作用的仍是期末考试成绩，因此，学生参与实践课程期末考核的积极性呈现稍高的状态，但这一现象源于对课程分数的追求，并非对学习质量的追求。学生参与评价活动中的积极性不高，参与教学评价的能力也无法得到锻炼与提升。

（三）评价反馈缺失，评价形式化问题严重

教学评价的目的，不是为了给学生一个分数，让学生顺利通过，拿到学分，这只是评价的自然结果。教学评价的意义在于促进学生学习、改善教师教学、强化学校管理，这也是教学评价的目标所在。但实际评价过程中反馈的缺失，使得教学评价对于促进学生学习和改善教师教学的作用发挥受限，教学评价大多情况下只是为了完成学校教学管理的任务，评价形式化问题严重。

教学评价最重要的三大功能：导向功能、诊断功能、改进功能，现状中这些功能的发挥存在阻碍，未能使得教学活动在教学评价的作用下得到持续改进。在实践课程教学评价中，我们能够看到评教的反馈性和改进性不足，缺乏过程性的持续改进。因此，实践课程的教学评价需要走出流于形式的误区，发挥促进学习、改善教学、强化管理的实效。

对教师来说，其在"根据学生学习考核的结果调整自己的教学"这方面做得不够，在"发挥学习考核结果的反馈与提醒功能帮助学生进行学习改进"方面也做得不够。对学生来说，其缺乏对学习评价结果的分析，缺乏根据学习评价结果改进自己学习的意识。对学校来说，学生的学习评价结果是教师教学质量的最好反映，由于本身学习评价结果对学生学习质量的反馈作用有限，因此学校在利用学习评价结果评价教师教学质量上也就受到了限制。

实践课程的学生评教不是一蹴而就的，尽管设置了学习过程中的评教栏目，但是其实质作用的发挥存在问题，"学生—教师—学生"的反馈通路并没有打通。教学评价在课程学习过程中开展比课程结束后开展对于教师教学的改进更有指导作用，但现状是缺乏课程学习过程中的教学评价。评教指标中"为了改进教学，在课程学习过程中，教师在正式考试之前还采用多种方式寻求学生对教学的反馈意见"。虽然对教师听取学生意见的情况进行了调查，但是并没有形成一种约束，只是教师自主选择的行为。在每个学期只进行一次要求参加的教学质量评教，评教次数太少，并且如果学生没有参与评教，将不能查看期末成绩，这在一定程度上对学生采取了强制行为，导致学生在评教时不能根据自己的想法做出合理的判断，很难做到客观公正。学生评教的结果在呈现上只是数值，但数值并不能够对教师的教学水平和教学情况进行全面、准确的反馈。没有设置开放性问题让学生以文字的形式写下自己的学习感受，提出对教师的建议，也削弱了教学评价本来可以拥有的反馈、导向、改进功能。由此可见，教学评价并未发挥其功效的应有之义，陷入了形式化的问题之中。

第三节 改进电类专业教学评价的对策与建议

总的来说,当前电类专业实践课程教学评价中存在的问题可以概括如下:沿用专业教育教学评价标准,缺乏针对性;评价主体参与不充分,评价能力有待提高;评价反馈缺失,评价形式化问题严重。笔者在成果导向教育理念指导下,结合电类专业实践课程教学评价现状和存在的主要问题,提出以下改进对策与建议。

一、落实成果导向,提高电类专业实践课程教学评价的针对性

(一)充分调研确立电类专业实践课程学习成果体系

电类专业实践课程学习成果体系的确立需要经过充分的调查研究。依据基于学习成果的电类专业实践课程教学评价的内涵指导,首先应该依据社会需求、在了解学生现有水平和学生发展潜力的基础上,建立电类专业实践课程培养目标。社会需求、学生现有水平、学生发展潜力资料的获得需要通过充分的调查研究。了解社会需求的调研方式很多,采纳得最多的是企业满意度和企业需求调查。通过对企业进行问卷调查和访谈,了解企业对院校提供的人才资源的满意情况,并进一步了解企业的需求,从而明确受企业欢迎的人才具备哪些素质,院校今后应该着力提升所培养学生的哪些具体能力,比如专业能力、沟通能力、动手能力、辩证思维能力等。要了解社会需求还应该对国家的大政方针有所了解,电类专业培养的人才最终是要服务于国家建设的,应该从国家制定的发展规划中了解今后一个时期人才培养的风向标。通过上述途径对社会需求进行调研后,将结果进行梳理,找出哪些能力素质是可以通过电类专业实践课程来实现的,将这些能力素质梳理成电类专业实践课程培养目标体系。学生现有水平和学生发展潜力可以通过查阅学生入学档案了解,还可以基于先前梳理的电类专业实践课程培养目标,设计形成实践能力考核问卷,通过问卷调查的结果来反映学生的现有水平,了解学生的个性化发展需求,形成学生的实践能力发展报告,进而明确学生在何种能力上存在不足,即发现学生的发展潜力。

从学生主体出发确立电类专业实践课程学习成果体系。调研过后确定了电类专业实践课程培养目标,还需要将培养目标转化为从学生主体出发进行描述的电类专业实践课程学习成果体系。从学生主体出发确立的电类专业实践课程学习成果体系能够实现这样的目标:教师通过阅读成果体系就能够对他要教出什么样的学生有清晰全面的认识,学生通过阅读成果体系就能够对他自己通过电类专业实践课程的学习要成为什么样的学生有清晰全面的认识。电类专业实践课程学习成果体系对实践课程的课程体系建设也具有指导作用。

依据学习成果体系确立教师教学目标与学生学习目标。各实践课授课教师，在申报实践课程时，需要阅读电类专业实践课程学习成果体系，结合自身的专业基础，找到自己所开设的实践课程定位于哪一课程模块，并进一步明确这一课程模块需要提升的是学生何种通用能力，以及这些通用能力在电类专业实践课程学习成果体系中是如何表述的。通过学习成果体系，教师才能够明确，通过他所授的这门课程，学生要学会什么，自己要怎么教才能让学生学会这些，从而确立这门实践课程教师的教学目标与学生的学习目标。

（二）建立健全电类专业实践课程教学评价指标体系

院校应该围绕电类专业实践课程学习成果体系来制定并完善电类专业实践课程教学评价相关指标体系。基于学习成果的电类专业实践课程教学评价指标体系的建立要根据电类专业实践课程学习成果体系来设立。教学是在学习成果体系的指导下开展的，进行实践课程学习评价时，也应该以学习成果为依据，考查学生的学习成果达成度，建立实践课程学生学习评价指标。目前其他专业教育的教学评价指标体系多是从专业课程教学评价的角度进行设计的，而电类专业实践课程具有与其他专业教育不同的特性。电类专业实践课程与其他专业教育的区别将影响电类专业实践课程的教学评价指标体系的建立。我们应该在借鉴其他专业教育教学评价指标体系的基础上，充分考虑实践课程的特性，制定适合电类专业实践课程教学评价的指标体系。电类专业实践课程教学评价指标体系中，对教师教学的评价包括实践课程教学督导专用评价表，根据实践课程的类型制定不同的听课评价表。同时学生评教使用的指标也应该在考虑实践课程实际授课情况的基础上制定实践课程专用评教表，丰富评教问卷中开放性的题目设置，使得评教结果更好地反映学生的学习体验，从而提高电类专业实践课程教学评价指标体系的针对性。

二、深化学生中心，提高思想认识并提升评价能力

（一）在教学评价的各环节深化学生中心

教学评价活动的开展要坚持以学生为中心，各环节围绕促进学生发展这一中心目标，用教学评价助力学生通用能力的发展。明确教学评价目标，帮助学生充分理解教学评价目标。当一门实践课程的教师教学目标与学生学习目标被明确后，学生学习评价目标也能够有所依据。授课教师需要在课程开始之前将学生明确的学习评价目标制定出来。在正式开始课程学习前，教师需要向学生介绍该门课程的学习评价目标，同时和学生就学习评价目标展开讨论，让学生提出他们对于本门课程有何期待、对于如何考核有何设想，并且和学生讨论课程的学习目标、学习方式和评价标准，帮助学生充分理解学习目标与评价目标，理解这一基础对于学生学习这门课

程将起到良好的指导作用。

改进评价方法，明确学生学习起点，更好地实现学习增值。我们需要改变以往的实践课程授课教师惯用考勤、课程论文、卷面考试等评价手段，根据所授实践课程的课程特点，选择更多样化的评价手段，更好地反映学生的学习状况。要想评价学生通过这门课程收获了多少，就要先知道学生在开始接受课程学习前拥有了多少。教师可以通过摸底测试、问卷调查等形式，对学生的学习起点进行了解，也可以通过学生通用能力考核问卷的结果了解学生的学习基础。学生的学习评价并不是一蹴而就的，教师要注重在教学开展的过程中对学生的学习状况信息进行搜集，而不是根据学生的出席情况来决定学生的平时成绩；注重发挥过程性评价的作用，定期对学生的学习增值情况进行分析总结。

丰富评价主体，让教学质量得到客观评价。教师、学生都应积极参加评价活动。制定好评价细则，包括评价打分表和评价参照标准。学生自评能够让学生发现自己做得好的地方，促使其继续保持，同时也能够发现自己在实践课程的学习上存在的问题和不足，以加以改进。同学评价的意义在于反映在教师看不到的小组合作学习的过程中，学生的学习表现如何。学生自评与同学评价的结果应该在学生的学习结果评价中有所体现。基于学习成果开展实践课程学生评教，真正做到以学生为中心，评教的重点从"教的行为和意见"向"学的行为和结果"发生转移。通过学生评教的问卷调查，可以反映学生的个人信息、学习活动、学习经验、学习结果，以及对教学的满意程度和改进意见。通过学生评教的结果，可以了解教学与学习质量，以及影响学生学习的各方面因素，从而改善学生的学和教师的教。基于学习成果开展实践课程学生评教，以学生为中心，可设计课堂教学评价问卷、课程教学评价问卷等。根据问卷实施的时间不同，可以分为课程开始前调查、课程中期调查和课程结束后调查。这些学生评教可以采用量表选择题的形式，也可以设计成开放式问答，让学生陈述课程学习期间的学习活动参与情况、与老师同学的互动情况、个人学习收获以及对课程的整体满意度情况，从学生的学习结果出发，调查教师的教学质量。收集学生反馈的信息帮助教师改进教学，从而提升学生对于教学的满意度，提高学生的学习质量。设置教师自评环节以弥补评价主体不全面的问题，教师自评是教师对教学活动的自我审视与自我发现，更有利于教师的教学改进。

完善评价内容，依据教学目标与学习目标，针对教学内容设计评价内容。教师要在教学目标和学习目标的指导下进行教学内容的选择和教学环节的设计，教学内容的确定对教学目标和学习目标的细化具有指导意义，教师要在教学具体内容的基础上，进一步将教学目标和学习目标进行完善和具体化，针对教学内容来设计评价的内容，依据"教了什么，评价什么""学了什么，评价什么"，使得评价内容与教学内容紧扣，改变学习质量不高仍能轻松通过考核的不良现象。

（二）让重视电类专业实践课程教学评价成为共识

提高对电类专业实践课程教学评价重要性的认识。我国的电类专业实践课程发展历程并不长，现代意义上的电类专业实践课程也是受欧美国家的影响发展起来的，所以在电类专业实践课程的早期发展时有许多积弊，现在依然处于探索中国特色电类专业实践课程发展路径的过程中。虽然很多院校明确了电类专业实践课程的重要性，但是在实施过程中还是容易将实践课程忽略掉，电类专业实践课程的教育质量也没能得到保障。随着中国经济的迅猛发展，当前我国社会发展进入新阶段，社会发展对于人才需求的结构、人才的质量要求都发生了变化，社会发展需要专业的人才，也需要具备实践应用能力的人才，这样的人才具备更强的学习能力，能够随着社会发展和岗位需求的变动不断更新自己以更好地满足社会需求。反映在对职业教育的需求上，就是院校应该提高学生实践应用能力的培养质量，其中提高电类专业实践课程的教育质量起着至关重要的作用。教学评价的意义在于改进教学，提高教学质量，这也就意味着，要提高实践课程的教育质量，在电类专业实践课程的教学评价上是需要下功夫的。要提高对实践课程教学评价重要性的认识，首先就要将电类专业实践课程教学评价、电类专业实践课程教育质量、人才培养质量、社会需求之间的关系理顺。

提高师生的思想认识，改变师生对实践课程不重视的现状。改变电类专业实践课程教学评价的现状应该从提高师生的思想认识入手，在学生开始实践课程选课前，学校通过各种官方渠道向学生介绍学校电类专业实践课程的培养目标，通过发布导学课程提高学生对于实践课程重要性的认识。在实践课程选课前开展学生实践应用能力摸底调查，让学生通过调查结果对自己的通用能力现状形成认识，并根据调查结果给学生提供实践课程的选课意见，让学生产生对教学评价的需求，学生需要通过教学评价的结果来反映其通用能力的发展变化情况。师生一旦认识到电类专业实践课程的重要性，就会对电类专业实践课程的教育质量产生关注，也更能够理解电类专业实践课程教育质量提高的重要意义，进而积极参与电类专业实践课程的教学评价。

（三）加强提升教学评价能力的培训与实践

注重开展师生教学评价能力提升培训。不断提升评价者的评价素养，提供制度支持，营造良好的评价文化，才能够为评价的有效开展提供有力的保障。提升评价者的评价素养，对实践课程授课教师提供学生学习评价上的理念、方法、技术指导，帮助实践课程教师认识到开展好学生学习评价的重要性，并且有能力开展好实践课程的学生学习评价活动。提供制度支持在于将教师对学生的学习评价、学生对教师的教学评价的常态化开展以制度的形式固定下来，将学生学习评价以制度形式确定下来，更好地保证评价活动持续、规范地开展。并将其视为基于学生学习成果开展实践课程教师教学评价体系构建的基础和关键。完善教师教学评价制度，学生评教要形神兼备，关注学生的学习体验和个人收获。评价能力的提高旨在提高教学与学习质量，在这种良好的评价氛围中，教师和学生都能够乐于参加和接受评价，从而发挥评价结果的积极作用。

三、坚持持续改进，加强专项管理并建立评价反馈机制

（一）成立电类专业实践课程教学评价管理部门

院校应该完善电类专业实践课程教学评价的管理组织。这里以 H 学院为例，H学院本就比较重视教学评价工作，也重视电类专业实践课程的发展，目前在教学评价工作上颁布了许多规章制度，比如《H 学院听课管理办法》《H 学院教学督导团章程》《H 学院教学督导工作条例》等制度，同时也成立了一些专门的管理机构，成立了教学质量监控与评价中心、教学督导团等组织，每学期还会召开教学督导工作总结会，每学年发布一次教学质量报告。这些实践都对教学评价的发展起到了非常好的推动作用，值得其他院校借鉴。但对于电类专业实践课程的教学评价管理还有待加强，实践课程的教学评价也有待规范。在电类专业实践课程的发展上，H 学院致力于实践课程的开发与建设，对于实践课程的教学评价重视程度也有待提高。对于不够重视教学评价的院校，可以参考 H 学院的教学评价相关的组织架构，成立教学质量监控与评价中心，为进一步落实电类专业实践课程教学评价工作的开展，应该进一步细化教学质量监控与评价中心的内部架构，成立电类专业实践课程教学评价专项工作小组，针对电类专业实践课程教学评价工作展开专项研究并开展工作。

（二）建立电类专业实践课程教学评价反馈机制

做好评价反馈，帮助学生获得学习进步，帮助教师做好教学调整。评价反馈能够促进教学持续改进，因此，在今后的电类专业实践课程教学评价中要加强评价反馈。首先，应该建立评价反馈的机制，搭建评价反馈的平台，比如学生可以通过教务系统查询到教师给自己实践课程的学习评价反馈，教师能够通过平台获取学生反馈的教学改进信息。其次，教师要起带头作用，应当让学生认识到，教师会根据学生学习评价结果来调整其教学进度和教学方式。在教师的带动下，学生也会重视教师提供的学习评价反馈，进而调整自身学习，追求学习进步。

学生学习评价结果反映教师教学不足，指明改进方向。学校对实践课程学生的学习评价结果进行分析，综合课程开始前的学生能力前测结果对学生的学习进步情况进行了解。构建学生学习质量与教师教学质量之间的联结，从而明晰教师的教学质量，找出教师教学上的优缺点，指明教师教学改进的方向。因为在电类专业实践

课程教学评价中，专家、督导、校领导参与实践课程的为数不多，因此外部听课指导对实践课程教学的改进作用并不大，如果能够建立起学生学习质量与教师教学质量的联系，那么实践课程的教师教学评价就能够实现全覆盖，实践课程教师教学也才有不断改进的依据。教师教学评价结果应该综合学生学习评价结果和学生评教、专家听课反馈等信息，以写实质性报告的形式呈现给授课教师，以此帮助教师从教学评价的结果中获取有用信息，充分发挥评价反馈机制对于教学改进的积极作用。

参考文献

[1] 陈昊烺 . 基于 OBE 教育理念的高职课程诊改的设计研究 [D]. 南京：南京师范大学，2019.

[2] 陈鹏, 薛寒 . "中国制造 2025" 与职业教育人才培养的新使命 [J]. 西南大学学报（社会科学版），2018，44（1）：77–83+190.

[3] 陈琦, 刘儒德 . 当代教育心理学 [M]. 北京：北京师范大学出版社，2007.

[4] 陈琦, 刘儒德 . 教育心理学 [M]. 北京：高等教育出版社，2011.

[5] 陈潇丽 . 基于微课的中职课程设计 [D]. 天津：天津职业技术师范大学，2020.

[6] 顾容, 杨青青, 王金震 .OBE 教育理念下中职师资培养模式改革研究 [J]. 成人教育，2016，36（8）：65–68.

[7] 郭倩文 . 基于 OBE 教育理念的在线开放课程资源的设计研究 [D]. 天津：天津职业技术师范大学，2018.

[8] 国务院 . 国家中长期教育改革和发展规划纲要（2010—2020 年）[EB/OL].（2010–07–29）.http://www.moe.gov.cn/jyb_xwfb/s6052/moe_838/201008/t20100802_93704.html.

[9] 国务院 . 国务院关于印发《中国制造 2025》的通知 [EB/OL].（2015–05–08）.http://www.gov.cn/gongbao/content/2015/content_2873744.htm.

[10] 国务院 . 国务院关于印发《国家职业教育改革实施方案》的通知 [EB/OL].（2019–02–13）.http://www.gov.cn/zhengce/content/2019–02/13/content_5365341.htm.

[11] 国务院 . 国务院关于加快发展现代职业教育的决定 [EB/OL].（2014–06–22）.http://www.gov.cn/zhengce/content/2014–06/22/content–8901.htm.

[12] 黄福涛 . 能力本位教育的历史与比较研究——理念、制度与课程 [J]. 中国高教研究，2012（1）：27–32.

[13] 黄建辉 . "OBE + 翻转课程" 混合式教学在《国际货运代理》课程中的应用 [J]. 现代商贸工业，2020，41（36）：119–122.

[14] 姜大源 . 职业教育的专业教学论：属性、冲突、定位与前景 [J]. 中国职业技术教育，2004（25）：8–13.

[15] 李志义, 朱泓, 刘志军, 等 . 用成果导向教育理念引导高等工程教育教学改革 [J]. 高等工程教育研究，2014（2）：29–34+70.

[16] 林文斌, 黄晶晶 . 高职高专外贸英语专业人才培养方案与课程体系设计 [M]. 天津: 南开大学出版社，2012.

[17] 刘朝霞，肖琳，路铭，等 . 基于 OBE 教育理念的高职电子技术课程探索 [J]. 科学咨询（教育科研），2020（5）：34.

[18] 刘锐 . 基于 OBE 教育理念的混合式教学模式的应用研究 [D]. 天津：天津职业技术师范大学，2020.

[19] 全国十二所重点师范大学联合编写 . 教育学基础 [M]. 北京：教育科学出版社，2014.

[20] 孙敏，金印彬，宁改娣，等 .OBE 教育理念下数字电子技术实验教学改革与实践 [J]. 中国教育信息化，2020（2）：41-43.

[21] 婷婷，王彤，杨翊，等 . 用人单位对本科工科毕业生培养质量满意度的调查研究 [J]. 高等工程教育研究，2014（6）：86-96.

[22] 王波，王美玲，刘伟，等 . 基于 OBE 教育理念的电子技术实践教学改革 [J]. 实验室研究与探索，2019，38（10）：228-231.

[23] 王金震 . 职教师资本科培养机械电子工程专业课程整合研究 [D]. 杭州：浙江工业大学，2016.

[24] 王婷 . 中职学校园林专业实训基地建设研究 [D]. 杭州：浙江大学，2013.

[25] 杨春玲，朱敏 . 基于 OBE 的"数字电子技术"课程改革初探 [J]. 电气电子教学学报，2018，40（1）：31-33.

[26] 杨华贵 . 基于引导文教学法的翻转课堂模式教学——以中职数控机床编程与操作课程为例 [J]. 广东职业技术教育与研究，2017（4）：117-120.

[27] 张金磊，王颖，张宝辉 . 翻转课堂教学模式研究 [J]. 远程教育杂志，2012，30（4）：46-51.

[28] 张军 . 以结果为本位：转型期的南非基础教育课程政策变革研究 [D]. 宁波：宁波大学，2008.

[29] 张敏伟 . 中等职业技术学校实训课程实施现状及对策研究 [D]. 大连：辽宁师范大学，2011.

[30] 郑兆兆 . 基于 OBE 模式的数字电路实验教学的探讨 [J]. 实验科学与技术，2016，14（4）：184-185+206.

[31] 朱永梅，唐文献，包东明 .OBE 教育理念下中职与本科"3+4"人才培养模式的构建研究 [J]. 大学教育，2019（8）：141-143.